바빠
연산법
시리즈

징검다리 교육연구소, 최순미 지음

바쁜

예비 1학년을 위한

빠른 덧셈

우리는

1학년

바빠

입학 준비
끝!

· 모으기와 가르기
· 한 자리 수의 덧셈
· 두 자리 수의 덧셈

이지스에듀

지은이 **징검다리 교육연구소, 최순미**

징검다리 교육연구소는 바쁜 친구들을 위한 빠른 학습법을 연구하는 이지스에듀의 공부 연구소입니다. 아이들이 기계적으로 공부하지 않도록, 두뇌가 활성화되는 과학적 학습 설계가 적용된 책을 만듭니다.

최순미 선생님은 영역별 연산 훈련 교재로, 연산 시장에 새바람을 일으킨 ≪바쁜 5·6학년을 위한 빠른 연산법≫, ≪바쁜 3·4학년을 위한 빠른 연산법≫, ≪바쁜 1·2학년을 위한 빠른 연산법≫시리즈와 요즘 학교 시험 서술형을 누구나 쉽게 익힐 수 있는 ≪나 혼자 푼다! 수학 문장제≫ 시리즈를 집필한 저자입니다. 또한, 20년이 넘는 기간 동안 EBS, 디딤돌 등과 함께 100여 종이 넘는 교재 개발에 참여해 온, 초등 수학 전문 개발자입니다.

바쁜 친구들이 즐거워지는 빠른 학습법 ─ 바빠 연산법 시리즈(개정판)

바쁜 예비 1학년을 위한 빠른 덧셈

초판 발행 2021년 8월 5일
    (2016년 7월에 출간된 책을 새 교육과정에 맞춰 개정했습니다.)
초판 3쇄 2024년 2월 20일
지은이 징검다리 교육연구소, 최순미
발행인 이지연
펴낸곳 이지스퍼블리싱(주)
출판사 등록번호 제313-2010-123호
주소 서울시 마포구 잔다리로 109 이지스 빌딩 5층(우편번호 04003)
대표전화 02-325-1722   팩스 02-326-1723
이지스퍼블리싱 홈페이지 www.easyspub.com   이지스에듀 카페 www.easysedu.co.kr
바빠 아지트 블로그 blog.naver.com/easyspub   인스타그램 @easys_edu
페이스북 www.facebook.com/easyspub2014   이메일 service@easyspub.co.kr

본부장 조은미   기획 및 책임 편집 박지연 | 김현주, 정지연   교정 교열 박현진
표지 및 내지 디자인 정우영   그림 김학수   전산편집 이츠북스   인쇄 보광문화사
영업 및 문의 이주동, 김요한(support@easyspub.co.kr)   마케팅 박정현, 한송이, 이나리
독자 지원 오경신, 박애림

ISBN 979-11-6303-266-3 64410
ISBN 979-11-6303-253-3(세트)
가격 9,800원

알찬 교육 정보도 만나고 출판사 이벤트에도 참여하세요!

1. 바빠 공부단 카페
cafe.naver.com/easyispub

2. 인스타그램
@easys_edu

3. 카카오 플러스 친구
[🔍 이지스에듀 검색!]

• **이지스에듀**는 이지스퍼블리싱의 교육 브랜드입니다.
(이지스에듀는 아이들을 탈락시키지 않고 모두 목적지까지 데려가는 책을 만듭니다!)

어느새 학교 갈 나이….
초등 수학 자신감을 만들어 주는 책!

초등학교 선생님들이 강력 추천합니다!
'바쁜 예비 1학년을 위한 빠른 연산법'

단순하게 연산 과정만 강조하던 기존의 교재와는 확연히 다른 책이네요. 초등 수학 교육 과정을 반영하여 체계적으로 구성한 점이 단연 눈에 띕니다. 아이들이 어려워하는 개념은 자세하고 친절한 풀이 과정을 제시한 점도 돋보입니다.
이 책이라면, 아이들이 학교 수학을 즐겁게 준비할 수 있을 것입니다!

안양서초등학교 김현아 선생님

초등 1학년 수학 익힘책 유형의 문제를 쉬운 버전으로 연습하는 책이네요.
예비 1학년이 초등 수학을 준비하기에도 아주 좋지만, 기초가 부족한 1학년에게도 큰 도움이 되겠어요. 또한 '엄마표 한마디'에 실제 선생님들이 학교에서 설명하는 방법이 그대로 담겨 있어, 부모님에게도 훌륭한 지침서가 될 것입니다.

대청초등학교 이혜은 선생님

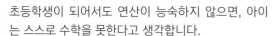

초등학생이 되어서도 연산이 능숙하지 않으면, 아이는 스스로 수학을 못한다고 생각합니다.
그런데 학교에서는 개념과 생각하는 문제 위주로 다루므로, 따로 연산을 연습할 시간은 부족합니다. 이 책은 초등학교 입학 전에 1학년 연산을 집중 훈련하여 빠른 시간에 기초 연산 실력을 높일 수 있는 최적의 교재입니다.

서울언남초등학교 김정미 선생님

이 책은 유아용 수학 교재처럼 너무 쉽거나, 초등 수학 교재처럼 너무 어렵지 않게, 예비 1학년 수준에 딱 맞는 그림과 문제로 구성되어 있네요!
예비 1학년이 초등 1학년에 나오는 연산의 개념을 쉽고 체계적으로 이해하고, 정확하게 계산하도록 도와주는 책입니다. 초등 입학 준비, 이제 이 책으로 제대로 시작해 보세요!

포곡초등학교 이진호 선생님

이 책은 계단을 하나씩 올라가듯 차근차근 원리를 깨우치면서 덧셈과 뺄셈의 기초를 익히도록 구성되어 있습니다. 덧셈과 뺄셈의 기초가 단단해야 1학년 수학이 두렵지 않습니다.
초등 수학을 재미있고 쉽게 준비하고 싶은 예비 1학년과, 초등 수학에 자신감을 갖고 싶은 1학년에게 추천합니다!

영도초등학교 안쥬리 선생님

아이 수준보다 너무 어려운 문제는 아이들이 수학에서 멀어지고 주눅 들게 합니다. 《바쁜 예비 1학년을 위한 빠른 연산법》은 초등 1학년 수학 익힘책에 나오는 연산의 쉬운 버전 문제로, 수학에 자신감을 키워주는 기특한 책입니다.
초등학교 입학 전, 학교 수학을 준비하는 아이들에게 꼭 필요한 책으로 추천합니다!

연제초등학교 윤나경 선생님

1학년 수학 익힘책을 미리 푼 효과!

입학 전, 이 책이면 초등 수학 준비 끝!

**놀이 수학을
초등 수학으로
연결해 주세요!**

★

예비 초등학생들은 이미 부모님과 함께 수학 놀이를 했거나 학습지로 연산을 연습한 경우가 많습니다. 이제는 유아 수학에서 긴 시간 동안 배웠던 '수와 연산'을 총정리하고, 초등 1학년 수학의 '수와 연산'으로 연결하고 끌어올려야 할 시간입니다.

초등 1학년 수학은 '수와 연산' 영역인 덧셈과 뺄셈이 60% 이상을 차지합니다. 그런데 실제 초등학교 수업에서는 개념을 알려주는 데 집중하기 때문에, 따로 연산을 연습할 시간이 부족합니다. 그러나 연산의 '정확성과 속도'는 수학 '성적'을 올리는 데 꼭 필요합니다. 정해진 시간 안에 시험을 봐야 하니까요.

이 책은 초등 1학년 교과서 내용 중 연습이 많이 필요한 연산 부분을 쉬운 버전으로 연습하는 책입니다.

초등학교 수학 교과서는 '교과서'와 '수학 익힘책'으로 이루어져 있습니다. 이 책은 초등 1학년 수학 익힘책의 문제 유형을 쉬운 버전으로 배치했으므로, 이 책을 다 풀고 나면 1학년 수학 익힘책을 미리 푼 효과를 누릴 수 있습니다. 아이들이 초등학교 입학 후 수학에 주눅 들지 않고 자신감을 느끼게 해 주세요!

**수학의 덧셈 나무를
머릿속에
심어 줍니다!**

★

'바빠 예비 1학년 연산법'은 1학년 수학 교과서에 나오는 연산 중 덧셈을 한 권으로, 뺄셈도 한 권으로 구성한 책입니다. 덧셈이든 뺄셈이든 한 연산만 모아 집중적으로 연습하면, 연산의 개념을 구슬을 꿰듯 하나로 엮어 체계화할 수 있습니다. 예를 들어 덧셈 편이라면 초등 1학년 때 배우는 덧셈을 한 자리로 불러 모아 정리하니, 그동안 유아 수학에서 배웠던 개념과 더해져, 굳건한 덧셈 나무가 머릿속에 우뚝 자리 잡게 됩니다.

1학년 수학 교과서는 덧셈과 뺄셈을 교차하여 섞어 가르치지만, 이렇게 '바빠 연산법' 스타일로 덧셈과 뺄셈 나무를 머릿속에 뿌리내리고 나면, 교과서에서 배우는 덧셈과 뺄셈을 효율적으로 공부할 수 있습니다.

말풍선: 1학년 덧셈을 한 번에 모아 푸니까 머릿속에 덧셈 나무가 자랐어요~.

1학년 수학 교과서의 1학기와 2학기에 배우는 덧셈 영역만 모아 체계적으로 머릿속에 정리해 줍니다.

부모님도 선생님처럼 설명하려면?

이 책은 초보 학부모님들을 위해 선생님처럼 설명하는 방법을 살짝 알려드립니다. 본문 상단에는 새로운 교육 과정에서 중요하게 생각하는 교과서의 포인트나 용어들이 나오거든요. "초등 수학, 어떻게 지도해야 할까?"라는 고민은 내려놓아도 됩니다. 도움글을 읽어 주면 되니까요.
또 하나 부모님께 부탁드릴 것은 아이가 연산 실수를 하더라도 마음을 편하게 먹고, 다그치지 마시라는 것입니다. 이 아이는 아직 예비 초등학생이니까요. 공부할 때 부모님이 무섭게 하면 아이들은 공부를 싫어하게 됩니다.

누구나 모르면 두렵고, 익숙하면 편하게 느낍니다. 학교라는 사회에 처음 발을 딛는 아이가 이 책을 통해 초등학교 1학년 수학을 미리 접해 보고 자신감을 느낀다면, 그것으로 충분합니다! 지금은 부모님이 '공부 편'보다는 '아이 편'이 되어 주세요.
그리고 가장 중요한 한 가지! 공부하는 시간이 좋은 기억이 되도록 격려와 칭찬을 아끼지 말아 주세요!

'바빠 연산법'의
구성과 특징

따라 풀며 익히는 연산 개념

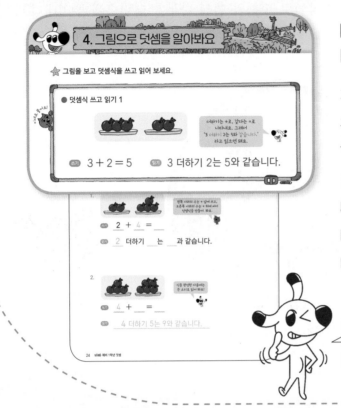

따라 풀면서 쉽게 개념을 터득할 수 있어요!

개념을 바르게 이해하지 못한 채 생각 없이 문제만 풀기 시작 하면 어느 순간 벽에 부딪힐 수 있어요. 아이가 스스로 개념을 보고 따라 풀 수 있는 습관을 가 져야 기초를 건강하게 다질 수 있답니다.

오호! 따라 풀면 되니까 이해가 쏙쏙~.

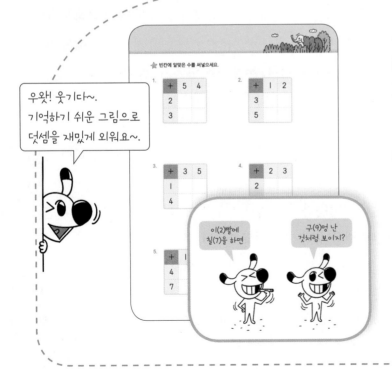

꼭 외워야 하는 덧셈은 빠독이와 함께 재밌게 기억해요!

책 곳곳에 아이들이 재밌게 공 부할 수 있는 그림과 칭찬, 격려 를 담았어요. 한 자리 수의 덧셈 은 손가락 셈을 하지 않아도 답이 바로 나오도록 외워 두는 게 좋 답니다. 그림으로 덧셈을 재밌게 외워요!

우왓! 웃기다~. 기억하기 쉬운 그림으로 덧셈을 재밌게 외워요~.

종합 선물 같은 훈련 문제

실력을 쌓아 주는
바빠의 '작은 발걸음' 방식!

덧셈이 하나로 꿰어져 머릿속에 쌓이도록 구성해 학습 효율을 높였어요. 또한 조금씩 수준을 높여 도전하는 바빠의 '작은 발걸음 방식(small step)'으로 몰입도를 높였어요.

느닷없이 어려워지지 않으니 끝까지 풀 수 있어요~.

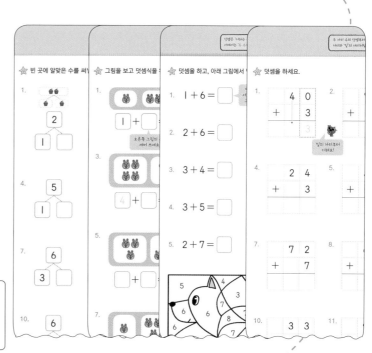

다채롭게 공부하고,
총정리로 마무리하니
자신감이 저절로!

단순 계산력 문제만 연습하고 끝나지 않아요. 수학 익힘책에 나오는 다양한 유형을 미리 연습하고, 한 마당이 끝날 때 마다 섞어서 연습하고, 게임처럼 즐겁게 마무리하는 총정리까지!

다양한 유형의 문제로 즐겁게 학습해요~!

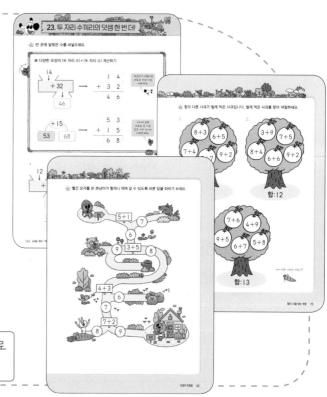

바빠 예비 1학년 연산법, 이렇게 활용하세요!

'바빠 예비 1학년 연산법'은 초등 1학년 '수학 익힘책' 교과서에 나온 문제 유형 중 쉬운 문제부터 풀도록 체계적으로 배치해, 1학년 수학을 쉬운 버전으로 연습하는 책입니다. 각 책은 총 24단계, 각 단계마다 10~20분 내외로 풀도록 구성되어 있습니다. 초등 입학을 준비하는 7살 친구부터 연산의 기초를 다지고 싶은 1학년 친구에게 추천합니다.

⭐ 초등 1학년 수학을 준비하고 싶은 7살 친구라면?

'바빠 연산법'의 '덧셈→뺄셈' 순서로 공부하세요. 1학년 수학 교과서의 덧셈과 뺄셈 영역만 각각 한 권에 담아, 초등 1학년 연산은 문제없이 준비할 수 있습니다!

⭐ 연산의 기초를 다지고 싶은 1학년 친구라면?

기초가 부족한 1학년 친구도 '덧셈→뺄셈' 순서로 공부하세요. 초등 1학년 수학의 '모으기와 가르기'부터 '받아올림과 받아내림이 없는 두 자리 수의 계산'까지 연산의 기초를 튼튼히 다질 수 있습니다.

⭐ 덧셈은 잘하는데 뺄셈이 어려운 친구라면?

초등 수학 예습을 많이 한 7~8살 친구 중 덧셈은 잘하지만 뺄셈은 어려워하는 경우가 있습니다. 이럴 때는 뺄셈만 골라 집중 연습해 보세요. 이 책을 풀고 나면 초등 수학에 자신감을 갖는 아이가 될 것입니다.

우리 아이는 어떻게 공부해야 좋을까요?

시작

사탕 2개와 3개를 모으면 5개가 되는 것을 알아요.

→ 아니요 → 아직 이 책을 보기는 힘들 거예요. 수학 놀이와 더불어 모으기와 가르기를 더 연습한 후, 이 책을 보세요. (참고 도서: 우리집은 수학 창의력 놀이터)

예 ↓

손가락을 이용해서라도 한 자리 수 덧셈을 할 수 있어요.

→ 아니요 → 수직선을 이용해서 놀이하듯 공부하는 '7살 첫 수학'을 먼저 풀고 다시 도전해요.

예 ↓

합이 10이 되는 짝꿍 수를 빨리 말할 수 있어요.

→ 아니요 → 하루 한 과씩 24일 진도로 차근차근 공부하세요!

→ 초등학교 1학년 연산 준비됐나요? 112쪽 '최종 점검 문제'로 확인해 보세요.

예 → 15일 진도로 풀어도 괜찮겠어요!

틀린 개수가 6개 이상이면, 한 번 더 푸는 것을 권장합니다.

15일 진도

난도가 높은 11~16단계는 하루에 한 단계씩 풀고, 나머지는 하루에 두 단계씩 푸세요. 그럼 15일만에 이 책을 끝낼 수 있어요.

24일 진도

하루에 한 단계씩 공부하세요! 24일이면 이 책을 끝낼 수 있어요.

바쁜 예비 1학년을 위한 빠른 덧셈

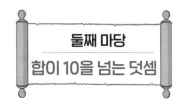

첫째 마당

덧셈의 첫걸음

1	덧셈과 뺄셈의 기초! 모으기와 가르기	12
2	모으기와 가르기를 할 수 있어요	16
3	가르기 연습 한 번 더!	20
4	그림으로 덧셈을 알아봐요	24
5	한 자리 수의 덧셈	28
6	0이 있는 덧셈은 '식은 죽 먹기'	32
7	한 자리 수의 덧셈 한 번 더!	36
8	덧셈의 첫걸음 총정리	40

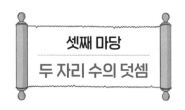

둘째 마당

합이 10을 넘는 덧셈

9	10을 모으고 가를 수 있어요	46
10	합이 10인 짝꿍 수를 외우면 쉬워요	50
11	합이 10인 두 수를 먼저 찾아 더해요	54
12	뒤의 수를 갈라서 10을 만들어 더해요	58
13	앞의 수를 갈라서 10을 만들어 더해요	62
14	합이 10을 넘는 덧셈	66
15	합이 10을 넘는 덧셈 한 번 더!	70
16	합이 10을 넘는 덧셈 총정리	74

셋째 마당

두 자리 수의 덧셈

17	일의 자리 수끼리 더하고 십의 자리는 그대로!	80
18	가로로 계산할 때도 일의 자리 수끼리 더해요	84
19	두 자리 수와 한 자리 수의 덧셈	88
20	일의 자리 수끼리, 십의 자리 수끼리 더해요	92
21	가로로 계산할 때도 같은 자리 수끼리 더해요	96
22	두 자리 수끼리의 덧셈	100
23	두 자리 수끼리의 덧셈 한 번 더!	104
24	두 자리 수의 덧셈 총정리	108
덧셈 - 최종 점검 문제		112
정답		113

첫째 마당

덧셈의 첫걸음

한 자리 수의 덧셈은 덧셈의 가장 기초가 되는 내용이에요. 첫째 마당에서는 1부터 9까지의 수 모으기와 가르기를 배운 다음, 한 자리 수의 덧셈을 배워요. 자, 그럼 덧셈의 첫걸음을 힘차게 시작해 볼까요?

공부할 내용!

공부한 날짜

	공부할 내용	공부한 날짜
1	덧셈과 뺄셈의 기초! 모으기와 가르기	월 일
2	모으기와 가르기를 할 수 있어요	월 일
3	가르기 연습 한 번 더!	월 일
4	그림으로 덧셈을 알아봐요	월 일
5	한 자리 수의 덧셈	월 일
6	0이 있는 덧셈은 '식은 죽 먹기'	월 일
7	한 자리 수의 덧셈 한 번 더!	월 일
8	덧셈의 첫걸음 총정리	월 일

⭐ 빈 곳에 알맞은 수를 써넣으세요.

이대로 풀어요!

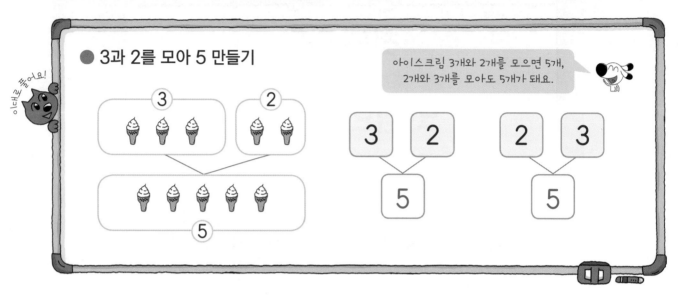

● 3과 2를 모아 5 만들기

아이스크림 3개와 2개를 모으면 5개,
2개와 3개를 모아도 5개가 돼요.

1.

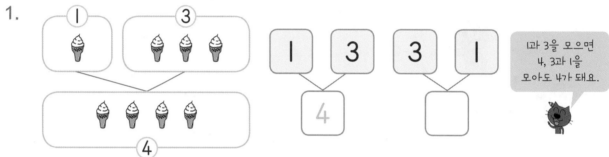

1과 3을 모으면
4, 3과 1을
모아도 4가 돼요.

2.

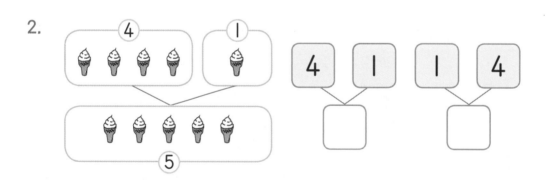

3.

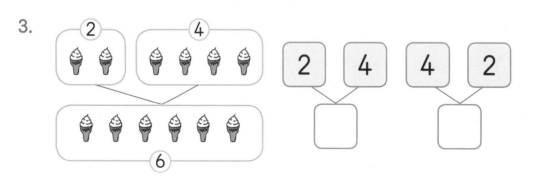

⭐ 빈 곳에 알맞은 수를 써넣으세요.

1.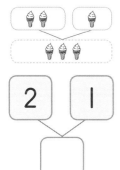

2.

3.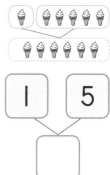

4.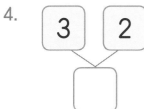

5.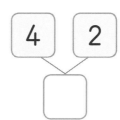

6.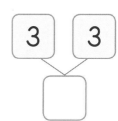

7.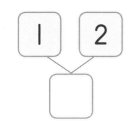

8.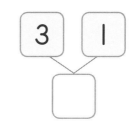

9.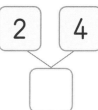

10.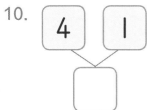

11.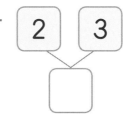

12.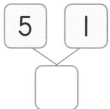

⭐ 빈 곳에 알맞은 수를 써넣으세요.

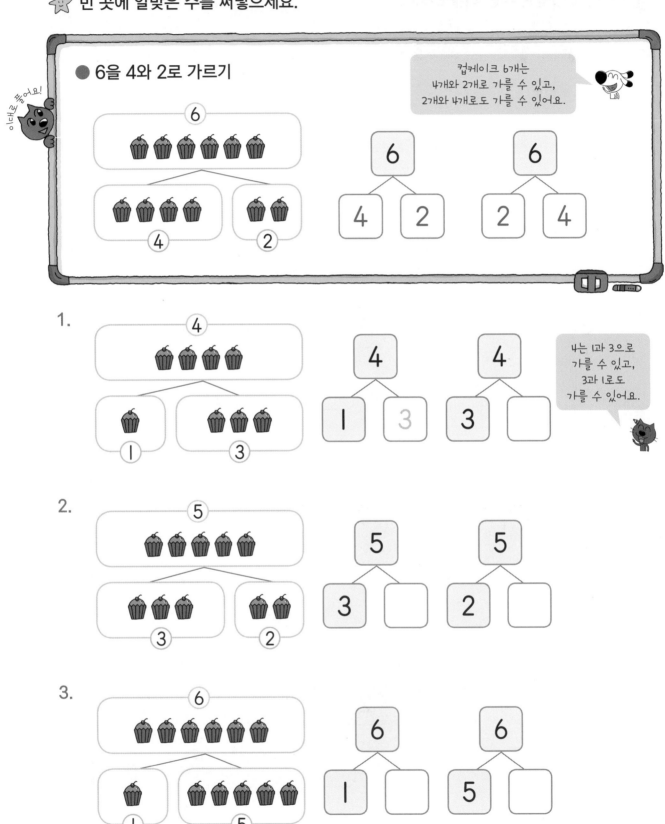

● 6을 4와 2로 가르기

컵케이크 6개는
4개와 2개로 가를 수 있고,
2개와 4개로도 가를 수 있어요.

6
4 2

6
4 2

6
2 4

1.

4
1 3

4는 1과 3으로
가를 수 있고,
3과 1로도
가를 수 있어요.

4
1 3

4
3

2.

5
3 2

5
3

5
2

3.

6
1 5

6
1

6
5

☆ 빈 곳에 알맞은 수를 써넣으세요.

1.
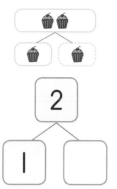

```
    2
   / \
  1
```

2.
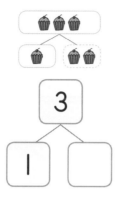

```
    3
   / \
  1
```

3.
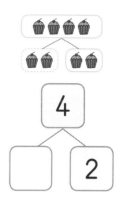

```
    4
   / \
      2
```

4.
```
    5
   / \
  1
```

5.
```
    4
   / \
      3
```

6.
```
    5
   / \
      3
```

7.
```
    6
   / \
  3
```

8.
```
    5
   / \
      2
```

9.
```
    3
   / \
  2
```

10.
```
    6
   / \
  4
```

11.
```
    5
   / \
      4
```

5를 2와 3으로
가를 수 있어요~.

⭐ 빈 곳에 알맞은 수를 써넣으세요.

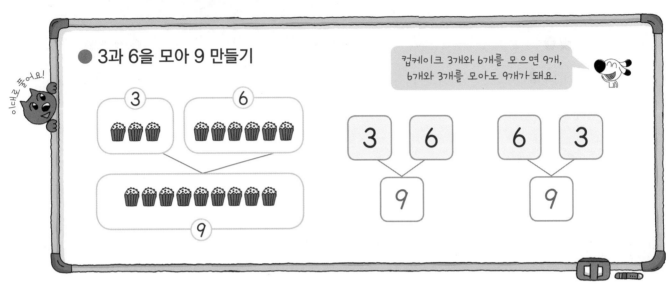

● 3과 6을 모아 9 만들기

컵케이크 3개와 6개를 모으면 9개, 6개와 3개를 모아도 9개가 돼요.

1.

5와 2를 모으면 7, 2와 5를 모아도 7이 돼요.

2.

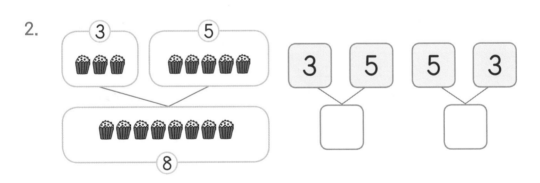

3.

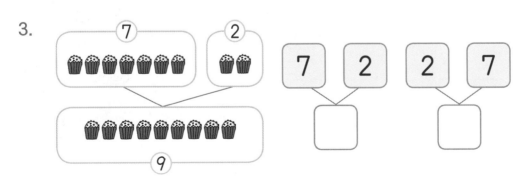

☆ 빈 곳에 알맞은 수를 써넣으세요.

1.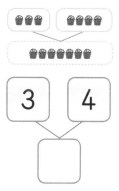

| 3 | 4 |

2.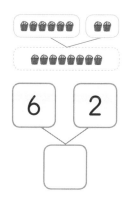

| 6 | 2 |

3.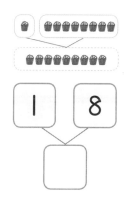

| 1 | 8 |

4.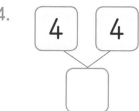

| 4 | 4 |

5.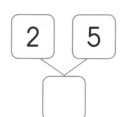

| 2 | 5 |

6.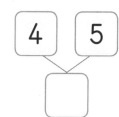

| 4 | 5 |

7.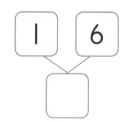

| 1 | 6 |

8.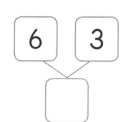

| 6 | 3 |

9.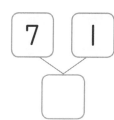

| 7 | 1 |

10.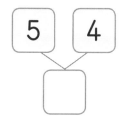

| 5 | 4 |

11.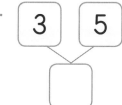

| 3 | 5 |

12.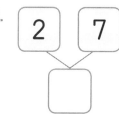

| 2 | 7 |

☆ 빈 곳에 알맞은 수를 써넣으세요.

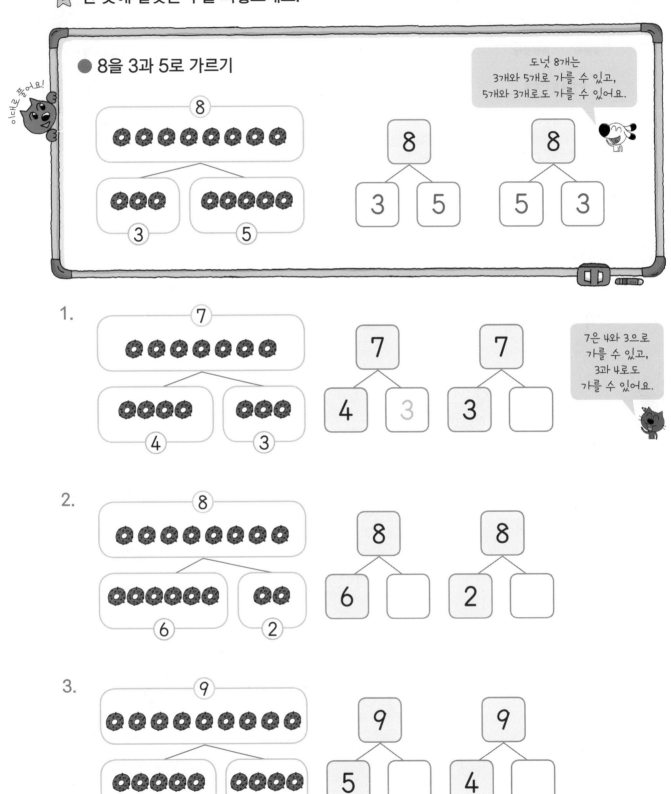

● 8을 3과 5로 가르기

도넛 8개는
3개와 5개로 가를 수 있고,
5개와 3개로도 가를 수 있어요.

8

3   5

8   8

3 5   5 3

1.

7

4   3

7   7

4 3   3 ⬜

7은 4와 3으로
가를 수 있고,
3과 4로도
가를 수 있어요.

2.

8

6   2

8   8

6 ⬜   2 ⬜

3.

9

5   4

9   9

5 ⬜   4 ⬜

☆ 빈 곳에 알맞은 수를 써넣으세요.

1.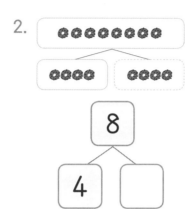

7
2　◻

2.
8
4　◻

3.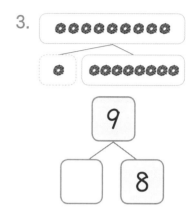

9
◻　8

4.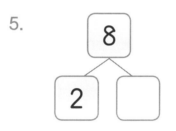

7
6　◻

5.
8
2　◻

6.
9
4　◻

7.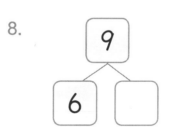

8
◻　1

8.
9
6　◻

9.
7
◻　3

10.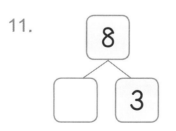

9
1　◻

11.
8
◻　3

12.
9
2　◻

⭐ 빈 곳에 알맞은 수를 써넣으세요.

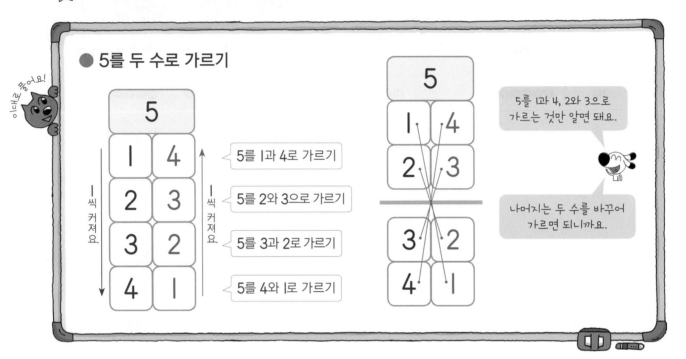

● 5를 두 수로 가르기

5	
1	4
2	3
3	2
4	1

↓ 1씩 커져요.   ↑ 1씩 커져요.

5를 1과 4로 가르기
5를 2와 3으로 가르기
5를 3과 2로 가르기
5를 4와 1로 가르기

5	
1	4
2	3

| 3 | 2 |
| 4 | 1 |

5를 1과 4, 2와 3으로 가르는 것만 알면 돼요.

나머지는 두 수를 바꾸어 가르면 되니까요.

1.

6	
1	5
2	4
3	3
4	2
5	

2.

7	
1	6
2	5
3	4
4	3
5	
6	

3.

8	
1	7
2	6
3	5
4	4
5	
6	
7	

두 수로 가르기는 뺄셈의 기초니까 미리 연습해요~.

⭐ 빈 곳에 알맞은 수를 써넣으세요.

1.
3	
1	2
2	

2.
4	
1	
2	2
3	

3.
5	
1	
2	
3	
4	

4.
6	
1	
2	
3	3
4	
5	

5.
7	
1	
2	
3	
4	3
5	2
6	1

6.
8	
1	
2	
3	
4	
5	3
6	2
7	1

7.
9	
1	8
2	7
3	6
4	5
5	
6	
7	
8	

8.
9	
1	
2	
3	
4	
5	4
6	3
7	2
8	1

⭐ 빈 곳에 알맞은 수를 써넣으세요.

1.

5	
2	
1	
3	
4	

5를 2와 3 으로 가르기

2.

6	
4	
2	
3	
5	

손가락 6개를 폈다가 4개를 접으면 몇 개가 남을까요?

3.

7	
1	
3	
5	
6	

4.

8	
3	
6	
4	
7	

5.

9	
1	
5	
7	
3	

6.

9	
6	
4	
2	
8	

어려운 가르기는 외우자!

8		8	
5			6

☆ 빈 곳에 알맞은 수를 써넣으세요.

1.

5	
4	
	3
1	
	2

2.

6	
	5
4	
	3
2	

3.

7	
4	
	1
2	
	4

4.

8	
	3
1	
	4
2	

5.

9	
2	
	6
8	
	4

6.

9	
	1
3	
	5
7	

어려운 가르기는 외우자!

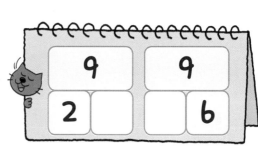

⭐ 그림을 보고 덧셈식을 쓰고 읽어 보세요.

● 덧셈식 쓰고 읽기 1

 더하기는 +로, 같다는 =로 나타내요. 그래서 '3 더하기 2는 5와 같습니다.' 라고 읽으면 돼요.

쓰기 $3 + 2 = 5$ **읽기** 3 더하기 2는 5와 같습니다.

1.

 왼쪽 사과의 수는 + 앞에 쓰고, 오른쪽 사과의 수는 + 뒤에 써서 덧셈식을 만들어 봐요.

쓰기 $2 + 4 = \underline{}$

읽기 2 더하기 ___는 ___과 같습니다.

2.

 식을 완성한 다음에는 큰 소리로 읽어 봐요!

쓰기 $4 + \underline{} = \underline{}$

읽기 4 더하기 5는 9와 같습니다.

초등학교 1학년 교과서에서는 덧셈식을 읽는 2가지 방법을 배웁니다.
덧셈식을 완성하면 직접 큰 소리로 읽게 해 주세요.

☆ 그림을 보고 덧셈식을 쓰고 읽어 보세요.

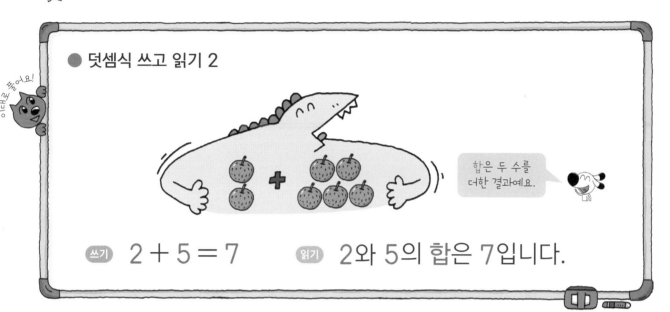

● 덧셈식 쓰고 읽기 2

합은 두 수를 더한 결과예요.

쓰기 2 + 5 = 7   **읽기** 2와 5의 합은 7입니다.

1.

5와 3의 합은 8입니다.

쓰기 5 + 3 = ___

읽기 ___ 와 ___ 의 합은 ___ 입니다.

2.

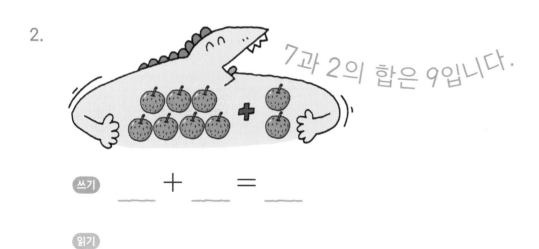

7과 2의 합은 9입니다.

쓰기 ___ + ___ = ___

읽기 _____

⭐ 그림을 보고 덧셈식을 완성하세요.

1.

$1 + 2 = 3$

일 더하기 이는
삼과 같습니다.

2.

$2 + 3 = \square$

이와 삼의 합은
오입니다.

3.

$3 + \square = \square$

4.

$4 + \square = \square$

5.

$\square + 5 = \square$

6.

$\square + 1 = \square$

7.

$\square + 6 = \square$

8.

$\square + 4 = \square$

⭐ 그림을 보고 덧셈식을 완성하세요.

1.

$\boxed{1} + \boxed{} = \boxed{}$

오른쪽 그림의 수를
세어 쓰세요.

2.

$\boxed{} + \boxed{3} = \boxed{}$

덧셈을 하고 전체 그림의 수를
세어 답이 맞는지 확인하세요.

3.

$\boxed{4} + \boxed{} = \boxed{}$

4.

$\boxed{} + \boxed{} = \boxed{}$

5.

$\boxed{} + \boxed{} = \boxed{}$

6.

$\boxed{} + \boxed{} = \boxed{}$

7.

$\boxed{} + \boxed{} = \boxed{}$

8.

$\boxed{} + \boxed{} = \boxed{}$

 덧셈을 하세요.

● 모으기를 이용하여 덧셈하기

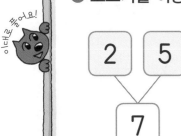

$2 + 5 = \boxed{7}$

$5 + 2 = \boxed{7}$

 2와 5를 모으면 7,
5와 2를 모아도 7이에요.

1.

2 3

5

$2 + 3 = \boxed{5}$

$3 + 2 = \boxed{}$

2.

4 2

6

$4 + 2 = \boxed{}$

$2 + 4 = \boxed{}$

3.

3 4

7

$3 + 4 = \boxed{}$

$4 + 3 = \boxed{}$

4.

6 2

8

$6 + 2 = \boxed{}$

$2 + 6 = \boxed{}$

5.

4 5

9

$4 + 5 = \boxed{}$

$5 + 4 = \boxed{}$

6.

3 6

9

$3 + 6 = \boxed{}$

$6 + 3 = \boxed{}$

☆ 덧셈을 하세요.

1. $1 + 1 =$ ☐

2. $2 + 1 =$ ☐

3. $3 + 1 =$ ☐

4. $4 + 1 =$ ☐

5. $5 + 1 =$ ☐

6. $6 + 1 =$ ☐

7. $7 + 1 =$ ☐

8. $8 + 1 =$ ☐

9. $2 + 2 =$ ☐

10. $3 + 2 =$ ☐

11. $1 + 2 =$ ☐

12. $4 + 2 =$ ☐

13. $6 + 2 =$ ☐

14. $7 + 2 =$ ☐

15. $5 + 2 =$ ☐

16. $1 + 3 =$ ☐

⭐ 덧셈을 하세요.

1. $2 + 3 = \boxed{}$

2. $3 + 3 = \boxed{}$

3. $4 + 3 = \boxed{}$

4. $5 + 3 = \boxed{}$

5. $6 + 3 = \boxed{}$

6. $1 + 4 = \boxed{}$

7. $3 + 4 = \boxed{}$

8. $2 + 4 = \boxed{}$

9. $4 + 4 = \boxed{}$

10. $5 + 4 = \boxed{}$

11. $3 + 5 = \boxed{}$

12. $2 + 5 = \boxed{}$

13. $1 + 5 = \boxed{}$

14. $4 + 5 = \boxed{}$

덧셈은 '더하는 두 수를 바꾸어도 그 합은 같다.'는 교환법칙이 성립됩니다.
교과서에서는 '두 수를 바꾸어 더하기'라는 차시를 통해 교환법칙의 의미를 배웁니다.

⭐ 덧셈을 하고, 아래 그림에서 답을 모두 찾아 색칠하세요.

1. $1 + 6 = \boxed{}$

덧셈에서는 수를 서로 바꾸어 더해도 그 합은 같아요~.

6. $6 + 1 = \boxed{}$

2. $2 + 6 = \boxed{}$

7. $6 + 2 = \boxed{}$

3. $3 + 4 = \boxed{}$

8. $4 + 3 = \boxed{}$

4. $3 + 5 = \boxed{}$

9. $5 + 3 = \boxed{}$

5. $2 + 7 = \boxed{}$

10. $7 + 2 = \boxed{}$

답을 색칠하면 어떤 모양이 나올까요?

6. 0이 있는 덧셈은 '식은 죽 먹기'

 덧셈을 하세요.

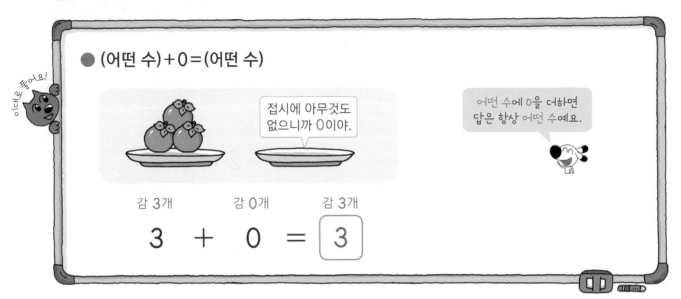

● (어떤 수)＋0＝(어떤 수)

접시에 아무것도 없으니까 0이야.

어떤 수에 0을 더하면 답은 항상 어떤 수예요.

감 3개   감 0개   감 3개

$$3 + 0 = \boxed{3}$$

1. $1 + 0 = \boxed{}$ 2. $5 + 0 = \boxed{}$

3. $7 + 0 = \boxed{}$ 4. $9 + 0 = \boxed{}$

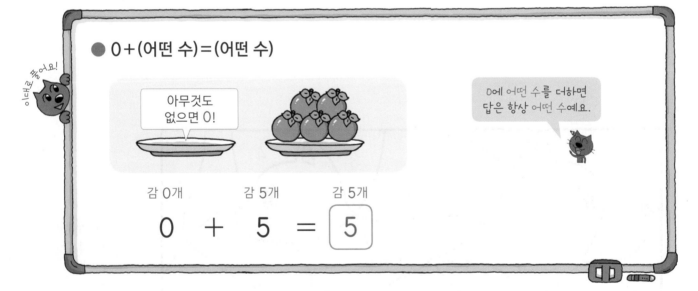

● 0＋(어떤 수)＝(어떤 수)

아무것도 없으면 0!

0에 어떤 수를 더하면 답은 항상 어떤 수예요.

감 0개   감 5개   감 5개

$$0 + 5 = \boxed{5}$$

5. $0 + 2 = \boxed{}$ 6. $0 + 4 = \boxed{}$

7. $0 + 6 = \boxed{}$ 8. $0 + 8 = \boxed{}$

⭐ 덧셈을 하세요.

1. $1 + 0 =$ ☐   ★+0은 ★이에요.

2. $2 + 0 =$ ☐

3. $6 + 0 =$ ☐

4. $5 + 0 =$ ☐

5. $3 + 0 =$ ☐

6. $4 + 0 =$ ☐

7. $8 + 0 =$ ☐

8. $7 + 0 =$ ☐

9. $0 + 1 =$ ☐   0+★도 ★이에요.

10. $0 + 2 =$ ☐

11. $0 + 4 =$ ☐

12. $0 + 3 =$ ☐

13. $0 + 7 =$ ☐

14. $0 + 6 =$ ☐

15. $0 + 5 =$ ☐

16. $0 + 9 =$ ☐

⭐ 덧셈을 하세요.

1. $2 + 0 =$ ☐

2. $0 + 1 =$ ☐

3. $6 + 0 =$ ☐

4. $0 + 3 =$ ☐

5. $4 + 0 =$ ☐

6. $9 + 0 =$ ☐

7. $7 + 0 =$ ☐

8. $0 + 4 =$ ☐

9. $3 + 0 =$ ☐

10. $0 + 5 =$ ☐

11. $0 + 7 =$ ☐

12. $5 + 0 =$ ☐

⭐ 덧셈을 하고, 아래 그림에서 답을 모두 찾아 색칠하세요.

1. $3 + 0 = \boxed{}$

2. $0 + 3 = \boxed{}$

3. $1 + 7 = \boxed{}$

4. $0 + 2 = \boxed{}$

5. $8 + 0 = \boxed{}$

6. $1 + 2 = \boxed{}$

7. $2 + 0 = \boxed{}$

8. $6 + 1 = \boxed{}$

9. $7 + 0 = \boxed{}$

10. $0 + 8 = \boxed{}$

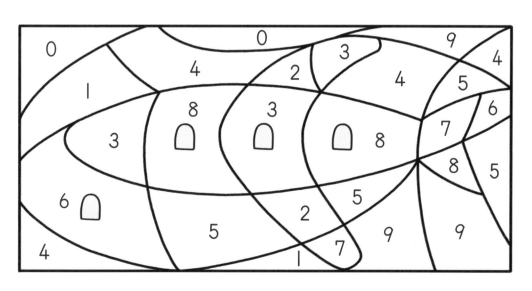

답을 색칠하면 어떤 모양이 나올까요?

⭐ 빈칸에 알맞은 수를 써넣으세요.

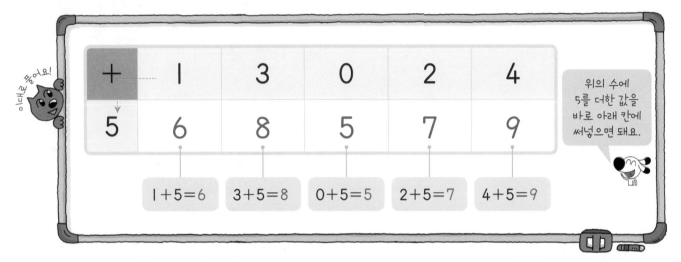

+	1	3	0	2	4
5	6	8	5	7	9

위의 수에 5를 더한 값을 바로 아래 칸에 써넣으면 돼요.

1+5=6	3+5=8	0+5=5	2+5=7	4+5=9

1.

+	4	2	6	7	5	8
1	4+1 5					9

화살표 방향으로 두 수를 더해요. 위의 수 8에 1을 더하면 9예요.

2.

+	1	6	5	2	7	3
2	1+2					5

3.

+	2	3	1	6	4	5
3	2+3					8

☆ 빈칸에 알맞은 수를 써넣으세요.

1.

+	2	3	6
1	2+1		

2.

+	4	2	7
2	4+2		

3.

+	1	2	5
3	1+3		

4.

+	5	3	4
4	5+4		

5.

+	3	2	1
5			

6.

+	2	3	1
6			

3+6은 369 게임을 떠올리면
기억하기 쉬울 거예요~.

어려운 덧셈은 외우자!   4 + 5 = ☐

⭐ 빈칸에 알맞은 수를 써넣으세요.

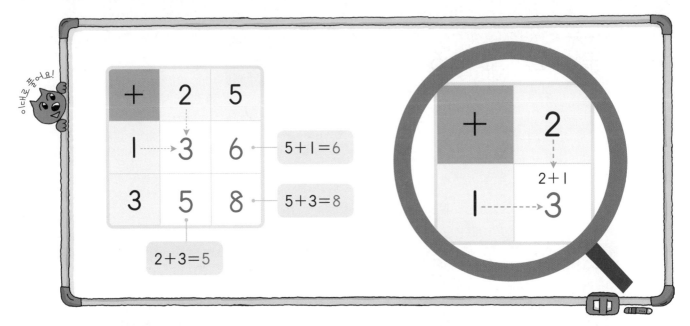

+	2	5
1	3	6
3	5	8

5+1=6

5+3=8

2+3=5

2+1

+	2	
1	3	

1.

+	2	3
0	2	
3		

2.

+	4	6
1		
2		

3.

+	0	2
2		
4		

4.

+	1	5
3		
4		

⭐ 빈칸에 알맞은 수를 써넣으세요.

1.

+	5	4
2		
3		

2.

+	1	2
3		
5		

3.

+	3	5
1		
4		

4.

+	2	3
2		
6		

5.

+	1	2
4		
7		

이(2)빨에 칠(7)을 하면

구(9)멍 난 것처럼 보이지?

⭐ ☐ 안의 수를 두 수로 가른 수를 빈 곳에 써넣으세요.

1.

2.

3.

4.

⭐ 합이 ◯ 안의 수가 되도록 두 수를 이으세요.

1.

⑤

2 •	• 1
4 •	• 3

2.

⑥

4 •	• 2
1 •	• 5

3.

⑦

2 •	• 5
4 •	• 3

4.

⑨

4 •	• 8
1 •	• 5

5.

⑧

5 •	• 4
4 •	• 3

6.

⑨

3 •	• 6
2 •	• 7

☆ 덧셈을 하고 ☐에 해당하는 글자를 아래 ◯ 안에 써넣으세요.

0 + 2 = ☐ ─ 바

6 + 3 = ☐ ─ 다

3 + 4 = ☐ ─ 실

2 + 3 = ☐ ─ 는

4 + 2 = ☐ ─ 데

2 + 6 = ☐ ─ 간

3 + 1 = ☐ ─ 가

1 + 2 = ☐ ─ 늘

| 2 | 3 | 4 | 5 | 6 | 7 | 8 | 9 |

바 ◯ ◯ ◯ ◯ ◯ ◯ ◯

⭐ 빨간 모자를 쓴 쁘냥이가 할머니 댁에 갈 수 있도록 바른 답을 따라가 보세요.

엄마, 아빠 이렇게 말해 주세요!

"왜 이 답이 나왔어?"와 같이 왜(Why)를 사용한 질문은 아이에게 혼나는 듯한 인상을 줍니다. **어떻게(How)나 무엇(What)을 이용**하여 '~까?'로 끝나게 질문해 보세요. "어떻게 그렇게 되었을까?", "무엇 때문에 이 답이 나왔을까?"와 같은 질문은 혼잣말처럼 느껴져 답을 이끌어 내는 데 훨씬 효과적입니다.

부모: "팔 더하기 칠은 얼마지?"

규현: (답이 틀렸을 때) "십칠이야."

다온: (답을 맞혔을 때) "십오야."

부모: (맞혔든 틀렸든 한 번은 이렇게 물어봐 주세요) "어떻게 답을 구한 걸까?"

답을 맞히는 것보다는 답을 찾는 과정이 더 중요합니다. 스스로 답을 찾는 과정을 통해 '사고력'도 늘고, 대답하는 과정에서 '서술'하는 능력도 생기기 때문입니다.

둘째 마당

합이 10을 넘는 덧셈

합이 10을 넘는 덧셈은 받아올림의 기초가 되는 아주 중요한 덧셈이에요. 이번 마당은 계산 속도를 높이는 것보다 계산 원리를 잘 익히는 게 더 중요하니 차근차근 풀어 보세요!

공부할 내용!

공부한 날짜

		공부한 날짜
9	10을 모으고 가를 수 있어요	월 일
10	합이 10인 짝꿍 수를 외우면 쉬워요	월 일
11	합이 10인 두 수를 먼저 찾아 더해요	월 일
12	뒤의 수를 갈라서 10을 만들어 더해요	월 일
13	앞의 수를 갈라서 10을 만들어 더해요	월 일
14	합이 10을 넘는 덧셈	월 일
15	합이 10을 넘는 덧셈 한 번 더!	월 일
16	합이 10을 넘는 덧셈 총정리	월 일

9. 10을 모으고 가를 수 있어요

⭐ 빈 곳에 알맞은 수를 써넣으세요.

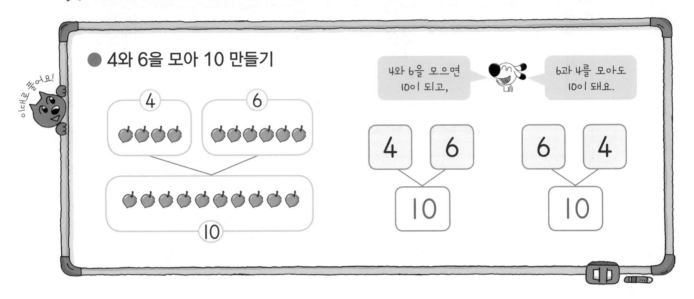

● 4와 6을 모아 10 만들기

4와 6을 모으면 10이 되고,

6과 4를 모아도 10이 돼요.

1.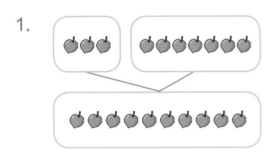

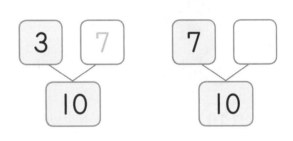

2.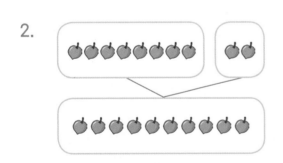

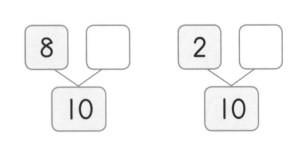

3.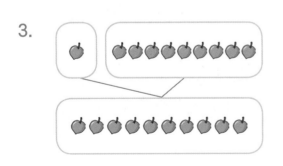

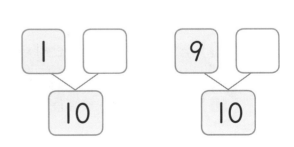

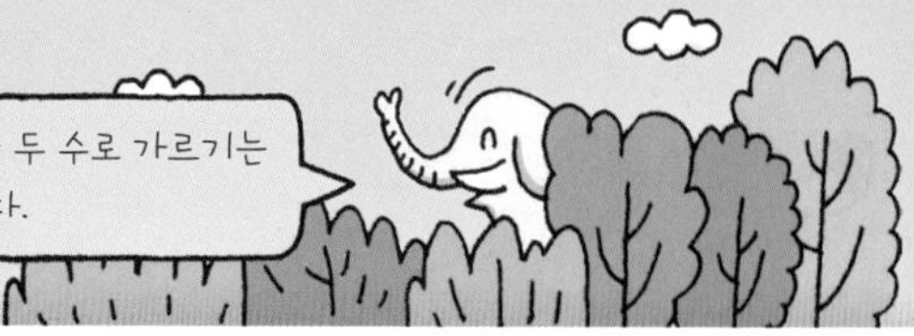

⭐ 빈 곳에 알맞은 수를 써넣으세요.

1. | 5 | 5 |

   바로 답이 떠오르지 않으면
   손가락으로 10이 되는 수를
   헤아려 봐요~.

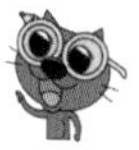

2. | 2 | 8 |

3. | 7 | 3 |

4. | 9 | 1 |

5. | 6 | 4 |

6. | 10 | 0 |

7. | 3 | 7 |

8. | 0 | 10 |

9. | 8 | 2 |

10. | 4 | 6 |

11. | 1 | 9 |

12. | 5 | 5 |

⭐ 빈 곳에 알맞은 수를 써넣으세요.

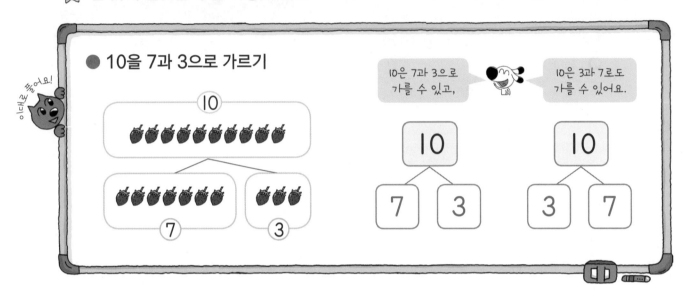

● 10을 7과 3으로 가르기

10은 7과 3으로 가를 수 있고,

10은 3과 7로도 가를 수 있어요.

1.

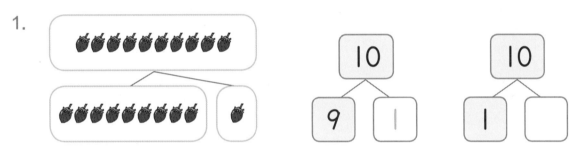

2.

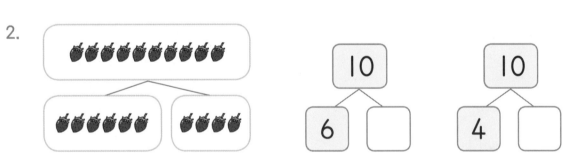

3.

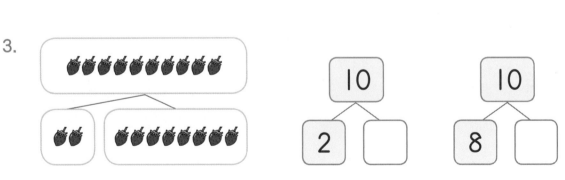

☆ 빈 곳에 알맞은 수를 써넣으세요.

1.
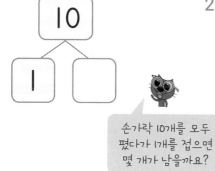

손가락 10개를 모두
폈다가 1개를 접으면
몇 개가 남을까요?

2.
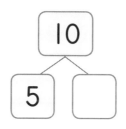

3.
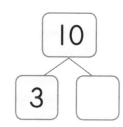

4.
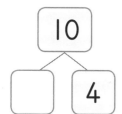

5.
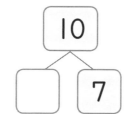

6.
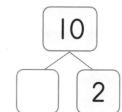

7.
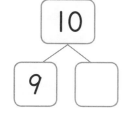

8.
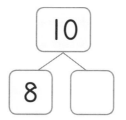

9.
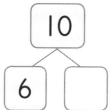

10.
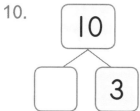

11.
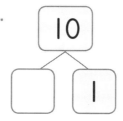

12.
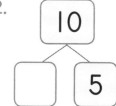

10. 합이 10인 짝꿍 수를 외우면 쉬워요

⭐ 그림을 보고 덧셈식을 완성하세요.

1.

 9

9개와 1개를
더하면 10개가 돼요.

$$9 + \boxed{1} = \boxed{10}$$

2.

$$8 + \boxed{2} = \boxed{}$$

3.

$$6 + \boxed{} = \boxed{}$$

4.

$$7 + \boxed{} = \boxed{}$$

5.

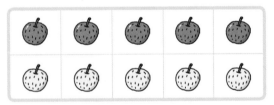

$$5 + \boxed{} = \boxed{}$$

6.

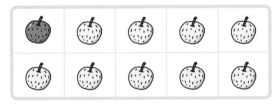

$$1 + \boxed{} = \boxed{}$$

7.

$$3 + \boxed{} = \boxed{}$$

8.

$$4 + \boxed{} = \boxed{}$$

⭐ 그림을 보고 덧셈식을 완성하세요.

1.

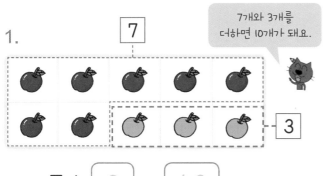

7개와 3개를
더하면 10개가 돼요.

$$7 + \boxed{3} = \boxed{10}$$

2.

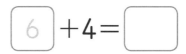

$$\boxed{6} + 4 = \boxed{}$$

3.

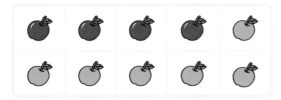

$$4 + \boxed{} = \boxed{}$$

4.

$$\boxed{} + 9 = \boxed{}$$

5.

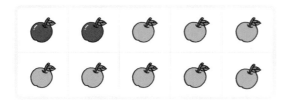

$$2 + \boxed{} = \boxed{}$$

6.

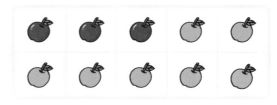

$$\boxed{} + 7 = \boxed{}$$

7.

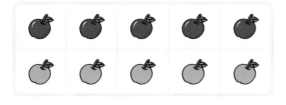

$$5 + \boxed{} = \boxed{}$$

8.

$$\boxed{} + 2 = \boxed{}$$

☆ ☐ 안에 알맞은 수를 써넣으세요.

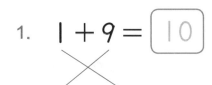

두 수를 바꾸어 더해도 합은 같아요.

1. $1 + 9 = \boxed{10}$

2. $9 + \boxed{1} = 10$

3. $3 + 7 = \boxed{}$

4. $7 + \boxed{} = 10$

5. $8 + 2 = \boxed{}$

6. $2 + \boxed{} = 10$

7. $5 + 5 = \boxed{}$

8. $7 + 3 = \boxed{}$

9. $\boxed{} + 7 = 10$

10. $6 + 4 = \boxed{}$

11. $\boxed{} + 6 = 10$

12. $9 + 1 = \boxed{}$

13. $\boxed{} + 9 = 10$

14. $\boxed{} + 5 = 10$

합이 10인 짝꿍 수

1 9 2 8 3 7 4 6 5 5

10의 보수 학습은 중요합니다. 아이가 답을 빨리 쓰지 못한 문제는 '이 더하기 팔은 십'하고 큰 소리로 읽도록 지도해 주세요.

⭐ ☐ 안에 알맞은 수를 써넣으세요.

1. $1 + \boxed{} = 10$

1과 더해서
10이 되는 수는?

2. $4 + \boxed{} = 10$

3. $8 + \boxed{} = 10$

4. $3 + \boxed{} = 10$

5. $7 + \boxed{} = 10$

6. $5 + \boxed{} = 10$

7. $9 + \boxed{} = 10$

8. $2 + \boxed{} = 10$

9. $6 + \boxed{} = 10$

10. $\boxed{} + 2 = 10$

11. $\boxed{} + 4 = 10$

12. $\boxed{} + 6 = 10$

13. $\boxed{} + 8 = 10$

14. $\boxed{} + 7 = 10$

15. $\boxed{} + 1 = 10$

16. $\boxed{} + 3 = 10$

17. $\boxed{} + 5 = 10$

18. $\boxed{} + 9 = 10$

11. 합이 10인 두 수를 먼저 찾아 더해요

⭐ 세 수의 덧셈을 하세요.

● 앞의 두 수의 합이 10인 세 수의 덧셈

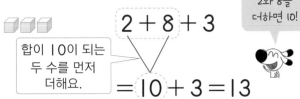

합이 10이 되는
두 수를 먼저
더해요.

2와 8을
더하면 10!

$$2 + 8 + 3$$
$$= 10 + 3 = 13$$

● 뒤의 두 수의 합이 10인 세 수의 덧셈

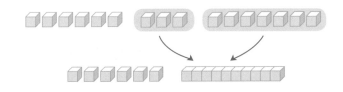

$$6 + 3 + 7$$
$$= 6 + 10 = 16$$

● 양 끝의 두 수의 합이 10인 세 수의 덧셈

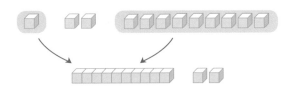

$$1 + 2 + 9$$
$$= 10 + 2 = 12$$

1. $6 + 4 + 3$

$$= 10 + 3$$

$$= \boxed{13}$$

2. $4 + 5 + 5$

$$= 4 + \boxed{10}$$

$$= \boxed{}$$

3. $6 + 8 + 4$

$$= \boxed{} + 8$$

$$= \boxed{}$$

☆ 세 수의 덧셈을 하세요.

1. $7 + 3 + 2$

   $= 10 + 2 = \boxed{12}$

2. $5 + 4 + 6$

   $= 5 + \boxed{} = \boxed{}$

3. $8 + 1 + 2$

   $= \boxed{} + 1 = \boxed{}$

4. $1 + 9 + 4$

   $= \boxed{} + 4 = \boxed{}$

5. $7 + 6 + 4$

   $= 7 + \boxed{} = \boxed{}$

6. $3 + 5 + 7$

   $= \boxed{} + 5 = \boxed{}$

7. $9 + 1 + 8$

   $= \boxed{} + 8 = \boxed{}$

8. $6 + 5 + 5$

   $= 6 + \boxed{} = \boxed{}$

9. $3 + 4 + 7$

   $= \boxed{} + 4 = \boxed{}$

10. $2 + 8 + 7$

    $= \boxed{} + 7 = \boxed{}$

⭐ 세 수의 덧셈을 하세요.

1. ⑤ + ⑤ + 8

   = $\boxed{10}$ + 8 = $\boxed{}$

2. ⑦ + 4 + ③

   = $\boxed{}$ + 4 = $\boxed{}$

3. 2 + ⑨ + ①

   = 2 + $\boxed{}$ = $\boxed{}$

4. 4 + 6 + 7

   = $\boxed{}$ + 7 = $\boxed{}$

5. 2 + 3 + 7

   = 2 + $\boxed{}$ = $\boxed{}$

6. 6 + 8 + 2

   = 6 + $\boxed{}$ = $\boxed{}$

7. 5 + 5 + 1

   = $\boxed{}$ + 1 = $\boxed{}$

8. 2 + 5 + 8

   = $\boxed{}$ + 5 = $\boxed{}$

9. 9 + 3 + 1

   = $\boxed{}$ + 3 = $\boxed{}$

합이 10이 되는 두 수를 먼저 찾아 더하면 쉬워요~.

⭐ 합이 10이 되는 두 수에 ○표 하고 세 수의 합을 구하세요.

1. ④ 5 ⑥ ☐

2. 3 ② ⑧ ☐

3. 9 1 4 ☐

4. 7 6 3 ☐

5. 5 8 5 ☐

6. 1 8 2 ☐

7. 2 3 8 ☐

8. 6 4 5 ☐

9. 3 9 7 ☐

10. 1 7 9 ☐

 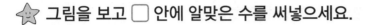

12. 뒤의 수를 갈라서 10을 만들어 더해요

⭐ 그림을 보고 ☐ 안에 알맞은 수를 써넣으세요.

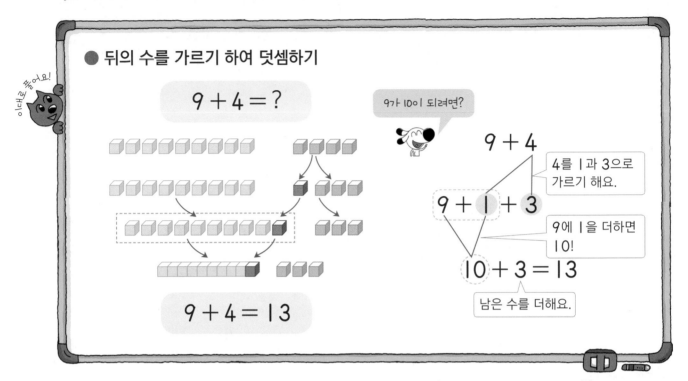

● 뒤의 수를 가르기 하여 덧셈하기

$9 + 4 = ?$

9가 10이 되려면?

$9 + 4$

4를 1과 3으로 가르기 해요.

$9 + 1 + 3$

9에 1을 더하면 10!

$10 + 3 = 13$

남은 수를 더해요.

$9 + 4 = 13$

1.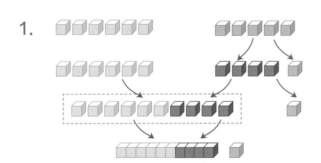

$6 + 5$

6을 10으로 만들려면 5를 가르기 해요.
$6 + 5$
$4 \quad 1$

$6 + 4 +$ ☐1

$10 +$ ☐ $=$ ☐

2.

$8 + 7$

$8 + 2 +$ ☐

$10 +$ ☐ $=$ ☐

두 수 중 큰 수를 10으로 만드는 것이 더 간단하므로
큰 수가 10이 되도록 작은 수를 가르는 과정이 필요합니다.

⭐ ☐ 안에 알맞은 수를 써넣으세요.

1.　　　8 + 3

합이 10인 짝꿍 수
8과 2!

8 + 2 + ☐

10 + ☐ = ☐

2.　　　7 + 6

7 + 3 + ☐

10 + ☐ = ☐

3.　　　9 + 7

9 + 1 + ☐

10 + ☐ = ☐

4.　　　8 + 5

8 + 2 + ☐

10 + ☐ = ☐

5.　　　7 + 5

7 + 3 + ☐

10 + ☐ = ☐

6.　　　9 + 8

9 + 1 + ☐

10 + ☐ = ☐

7.　　　9 + 3

9 + 1 + ☐

10 + ☐ = ☐

8.　　　8 + 6

8 + 2 + ☐

10 + ☐ = ☐

⭐ ☐ 안에 알맞은 수를 써넣으세요.

1. $9 + 4$

    $9 + \boxed{} + 3$

    $\boxed{} + 3 = \boxed{}$

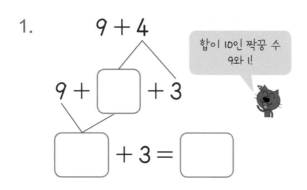

합이 10인 짝꿍 수
9와 1!

2. $8 + 7$

    $8 + 2 + \boxed{}$

    $\boxed{} + 5 = \boxed{}$

3. $7 + 4$

    $7 + \boxed{} + 1$

    $\boxed{} + 1 = \boxed{}$

4. $9 + 5$

    $9 + 1 + \boxed{}$

    $\boxed{} + 4 = \boxed{}$

5. $9 + 7$

    $9 + \boxed{} + 6$

    $\boxed{} + 6 = \boxed{}$

6. $8 + 6$

    $8 + 2 + \boxed{}$

    $\boxed{} + 4 = \boxed{}$

7. $6 + 6$

    $6 + \boxed{} + 2$

    $\boxed{} + 2 = \boxed{}$

8. $7 + 7$

    $7 + 3 + \boxed{}$

    $\boxed{} + 4 = \boxed{}$

☆ ☐ 안에 알맞은 수를 써넣으세요.

1.　　　8 + 5

8 + ☐ + 3

☐ + ☐ = ☐

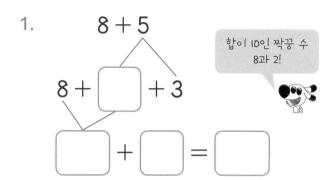

합이 10인 짝꿍 수
8과 2!

2.　　　9 + 2

9 + 1 + ☐

☐ + ☐ = ☐

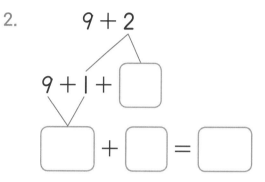

3.　　　7 + 6

7 + ☐ + 3

☐ + ☐ = ☐

4.　　　6 + 5

6 + 4 + ☐

☐ + ☐ = ☐

5.　　　8 + 4

8 + ☐ + 2

☐ + ☐ = ☐

6.　　　9 + 6

9 + 1 + ☐

☐ + ☐ = ☐

7.　　　9 + 8

9 + ☐ + 7

☐ + ☐ = ☐

10이 되려면
1이 더 필요해.

그럼 내가
1을 빌려줄게.

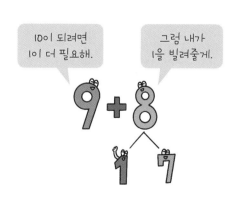

합이 10을 넘는 덧셈　61

⭐ 그림을 보고 ☐ 안에 알맞은 수를 써넣으세요.

● 앞의 수를 가르기 하여 덧셈하기

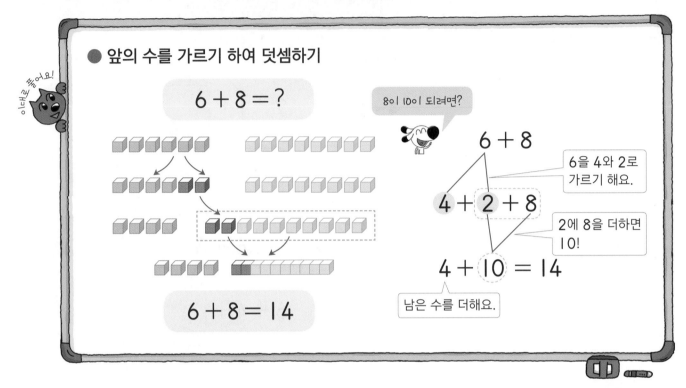

$6 + 8 = ?$

이대로 붙어요!

8이 10이 되려면?

$6 + 8$

6을 4와 2로 가르기 해요.

$4 + 2 + 8$

2에 8을 더하면 10!

$4 + 10 = 14$

남은 수를 더해요.

$6 + 8 = 14$

1.

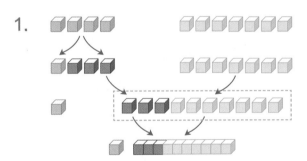

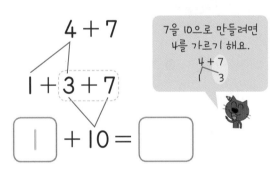

$4 + 7$

$1 + 3 + 7$

$\boxed{1} + 10 = \boxed{}$

7을 10으로 만들려면 4를 가르기 해요.

$4 + 7$
$1 \quad 3$

2.

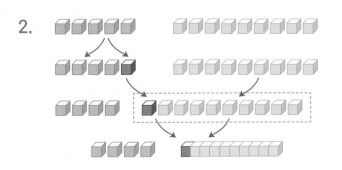

$5 + 9$

$4 + 1 + 9$

$\boxed{} + 10 = \boxed{}$

⭐ ☐ 안에 알맞은 수를 써넣으세요.

1.
$$2 + 9$$

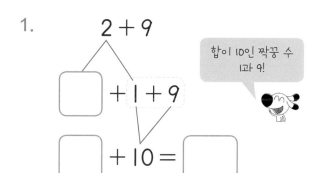

☐ $+ 1 + 9$

합이 10인 짝꿍 수 1과 9!

☐ $+ 10 =$ ☐

2.
$$3 + 8$$

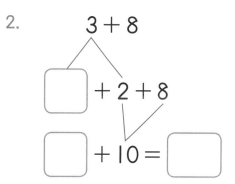

☐ $+ 2 + 8$

☐ $+ 10 =$ ☐

3.
$$4 + 9$$

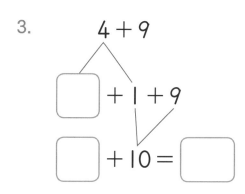

☐ $+ 1 + 9$

☐ $+ 10 =$ ☐

4.
$$6 + 7$$

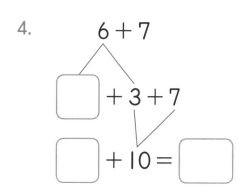

☐ $+ 3 + 7$

☐ $+ 10 =$ ☐

5.
$$4 + 8$$

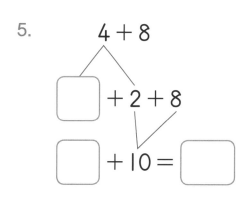

☐ $+ 2 + 8$

☐ $+ 10 =$ ☐

6.
$$8 + 9$$

☐ $+ 1 + 9$

☐ $+ 10 =$ ☐

7.
$$5 + 7$$

☐ $+ 3 + 7$

☐ $+ 10 =$ ☐

8.
$$7 + 9$$

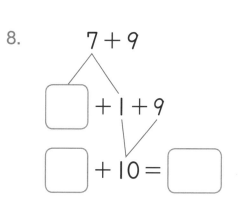

☐ $+ 1 + 9$

☐ $+ 10 =$ ☐

⭐ ☐ 안에 알맞은 수를 써넣으세요.

1. $3 + 9$

    $2 + \boxed{} + 9$

    $2 + \boxed{} = \boxed{}$

2. $5 + 6$

    $1 + \boxed{} + 6$

    $1 + \boxed{} = \boxed{}$

3. $5 + 8$

    $3 + \boxed{} + 8$

    $3 + \boxed{} = \boxed{}$

4. $4 + 7$

    $1 + \boxed{} + 7$

    $1 + \boxed{} = \boxed{}$

5. $5 + 9$

    $4 + \boxed{} + 9$

    $4 + \boxed{} = \boxed{}$

6. $7 + 8$

    $5 + \boxed{} + 8$

    $5 + \boxed{} = \boxed{}$

7. $8 + 8$

    $6 + \boxed{} + 8$

    $6 + \boxed{} = \boxed{}$

더하는 두 수가 같으므로 뒤의 수를 갈라도 돼요.

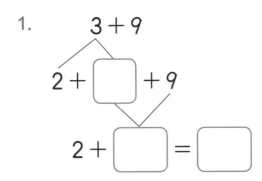

8. $9 + 9$

    $8 + \boxed{} + 9$

    $8 + \boxed{} = \boxed{}$

☆ ☐ 안에 알맞은 수를 써넣으세요.

1. $2 + 9$

$1 + \boxed{} + 9$

$1 + \boxed{} = \boxed{}$

2. $6 + 7$

$3 + \boxed{} + 7$

$3 + \boxed{} = \boxed{}$

3. $6 + 9$

$5 + \boxed{} + 9$

$5 + \boxed{} = \boxed{}$

4. $4 + 8$

$2 + \boxed{} + 8$

$\boxed{} + \boxed{} = \boxed{}$

5. $5 + 7$

$2 + \boxed{} + 7$

$\boxed{} + \boxed{} = \boxed{}$

6. $8 + 9$

$7 + \boxed{} + 9$

$\boxed{} + \boxed{} = \boxed{}$

7. $6 + 8$

$4 + \boxed{} + 8$

$\boxed{} + \boxed{} = \boxed{}$

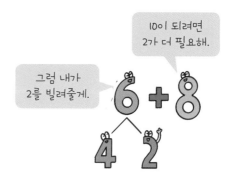

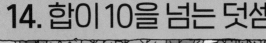

⭐ 덧셈을 하세요.

1. $2 + 9 =$ ☐

2. $8 + 3 =$ ☐

3. $7 + 6 =$ ☐

4. $6 + 5 =$ ☐

5. $3 + 9 =$ ☐

6. $7 + 5 =$ ☐

7. $6 + 6 =$ ☐

8. $7 + 7 =$ ☐

9. $5 + 8 =$ ☐

10. $9 + 4 =$ ☐

11. $4 + 7 =$ ☐

12. $9 + 5 =$ ☐

13. $3 + 8 =$ ☐

14. $4 + 8 =$ ☐

15. $9 + 2 =$ ☐

16. $7 + 8 =$ ☐

어려운 덧셈은 외우자!

$9 + 8 =$ ☐

⭐ 덧셈을 하세요.

1. $7 + 4 = \boxed{}$

2. $7 + 7 = \boxed{}$

3. $7 + 9 = \boxed{}$

4. $7 + 5 = \boxed{}$

5. $7 + 6 = \boxed{}$

6. $7 + 8 = \boxed{}$

7. $6 + 5 = \boxed{}$

8. $6 + 7 = \boxed{}$

9. $6 + 8 = \boxed{}$

10. $6 + 6 = \boxed{}$

11. $6 + 9 = \boxed{}$

12. $5 + 7 = \boxed{}$

13. $5 + 8 = \boxed{}$

14. $5 + 6 = \boxed{}$

15. $5 + 9 = \boxed{}$

16. $4 + 9 = \boxed{}$

어려운 덧셈은 외우자!

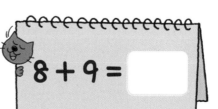

$8 + 9 = \boxed{}$

⭐ 덧셈을 하세요.

1. $9 + 2 =$ ☐

2. $9 + 3 =$ ☐

3. $9 + 6 =$ ☐

4. $9 + 4 =$ ☐

5. $9 + 8 =$ ☐

6. $9 + 7 =$ ☐

7. $9 + 5 =$ ☐

8. $9 + 9 =$ ☐

9. $8 + 4 =$ ☐

10. $8 + 5 =$ ☐

11. $8 + 8 =$ ☐

12. $8 + 6 =$ ☐

13. $8 + 3 =$ ☐

14. $8 + 7 =$ ☐

15. $8 + 9 =$ ☐

16. $7 + 9 =$ ☐

⭐ 덧셈을 하고, 아래 그림에서 답을 모두 찾아 색칠하세요.

1. $6 + 5 =$ ☐

2. $2 + 9 =$ ☐

3. $5 + 9 =$ ☐

4. $9 + 3 =$ ☐

5. $9 + 4 =$ ☐

6. $8 + 5 =$ ☐

7. $7 + 6 =$ ☐

8. $8 + 4 =$ ☐

9. $6 + 8 =$ ☐

10. $7 + 8 =$ ☐

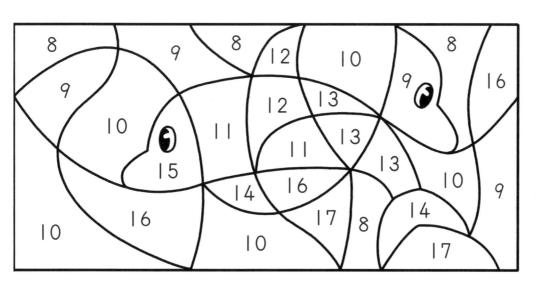

답을 색칠하면
어떤 모양이
나올까요?

⭐ 빈칸에 알맞은 수를 써넣으세요.

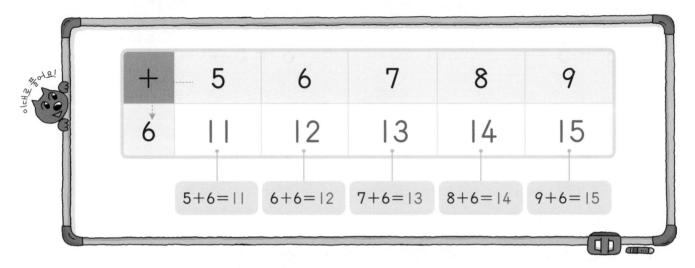

+	5	6	7	8	9
6	11	12	13	14	15

5+6=11 6+6=12 7+6=13 8+6=14 9+6=15

1.

+	4	6	7	5	9	8
7	4+7 11					

2.

+	3	4	6	7	5	8
8	3+8					

3.

+	2	3	4	7	8	9
9	2+9					

초등학교 익힘책에는 이와 같이 다양한 유형으로 덧셈 연습을 합니다.
익힘책 유형 문제를 미리 경험하여 자신감을 갖게 해 주세요.

⭐ 빈칸에 알맞은 수를 써넣으세요.

1.

+	8	6
4	4+8 12	4+6
7	7+8	7+6 13

2.

+	7	6
5	5+7	5+6
6	6+7	6+6

3.

+	4	5
9		
8		

4.

+	6	8
5		
7		

5.

+	9	7
6		
7		

6.

+	8	9
3		
9		

⭐ 빈칸에 알맞은 수를 써넣으세요.

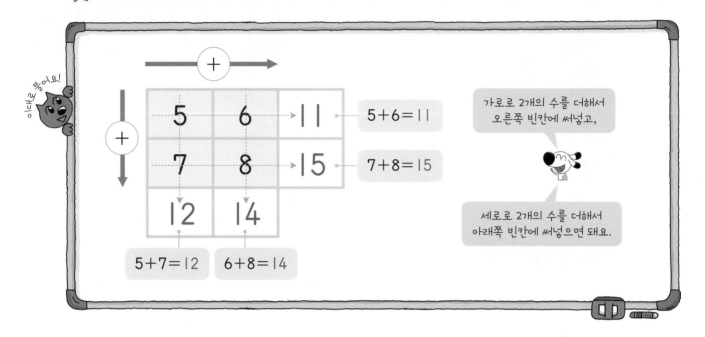

가로로 2개의 수를 더해서 오른쪽 빈칸에 써넣고,

세로로 2개의 수를 더해서 아래쪽 빈칸에 써넣으면 돼요.

5	6	11
7	8	15
12	14	

5+6=11
7+8=15
5+7=12   6+8=14

1.

6	7	13
5	8	

화살표 방향으로 두 수를 더해요.

2.

4	8	
7	5	

3.

7	8	
9	3	

4.

8	4	
4	9	

⭐ 빈칸에 알맞은 수를 써넣으세요.

1.

+ →		
8	9	
6	7	

2.

+ →		
6	5	
7	9	

3.

+ →		
9	6	
5	6	

4.

+ →		
7	7	
9	4	

5.

+ →		
8	7	
8	6	

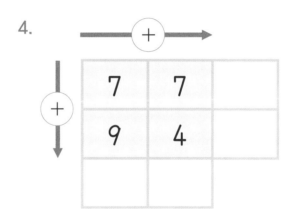

아주 잘하고 있어요!
조금만 더 힘내요~.

16. 합이 10을 넘는 덧셈 총정리

⭐ 빈 곳에 세 수의 합을 써넣으세요.

합이 10인 두 수를 먼저 더하고
남은 수를 더하면 쉬워요~.

1.
3	⑥
④	13

2.
2	
8	5

3.
9	1
	4

4.
	5
2	5

5.
7	6
3	

6.
4	
6	1

7.
1	3
	9

8.
	2
8	9

9.
5	8
5	

10.
6	
7	4

11.
7	3
	5

12.
	5
5	9

⭐ 합이 다른 사과가 벌레 먹은 사과입니다. 벌레 먹은 사과를 찾아 색칠하세요.

1.
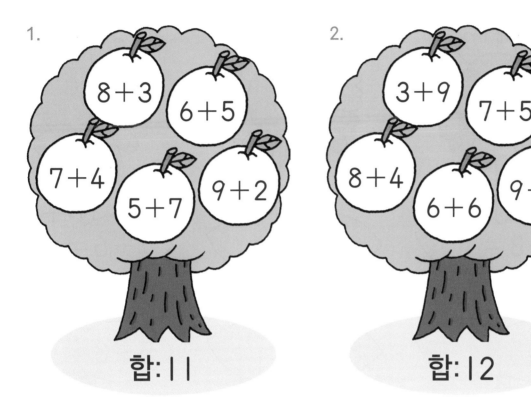

8+3 6+5
7+4 5+7 9+2

합:11

2.

3+9 7+5
8+4 6+6 9+2

합:12

3.
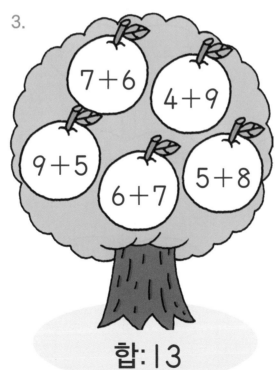

7+6 4+9
9+5 6+7 5+8

합:13

내가 먹은 사과는 어딨지?

⭐ 합이 다른 이파리가 벌레 먹은 이파리입니다. 벌레 먹은 이파리를 찾아 ○표 하세요.

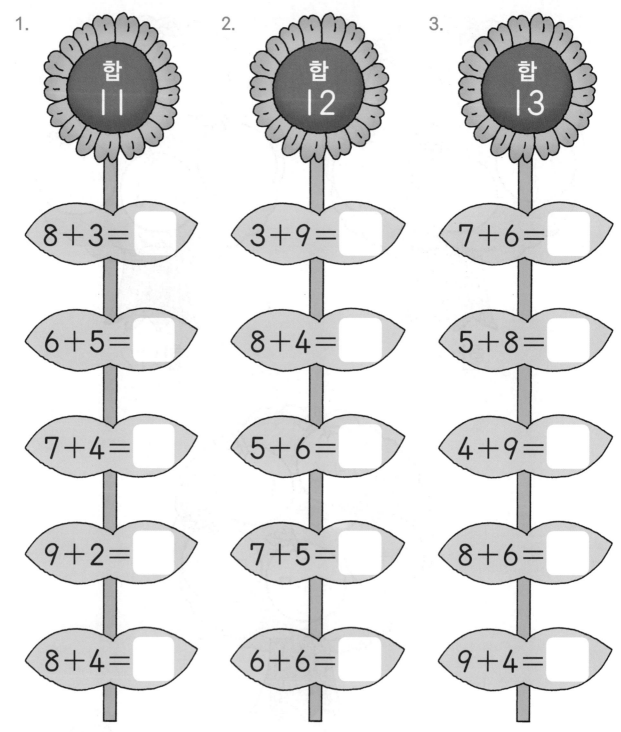

1.

합
11

8+3=☐

6+5=☐

7+4=☐

9+2=☐

8+4=☐

2.

합
12

3+9=☐

8+4=☐

5+6=☐

7+5=☐

6+6=☐

3.

합
13

7+6=☐

5+8=☐

4+9=☐

8+6=☐

9+4=☐

내가 먹은 이파리는 어딨지?

☆ 빠독이가 귤 농장에서 떨어진 귤을 주워 귤잼을 만들려고 합니다. 바른 답을 따라가 보세요.

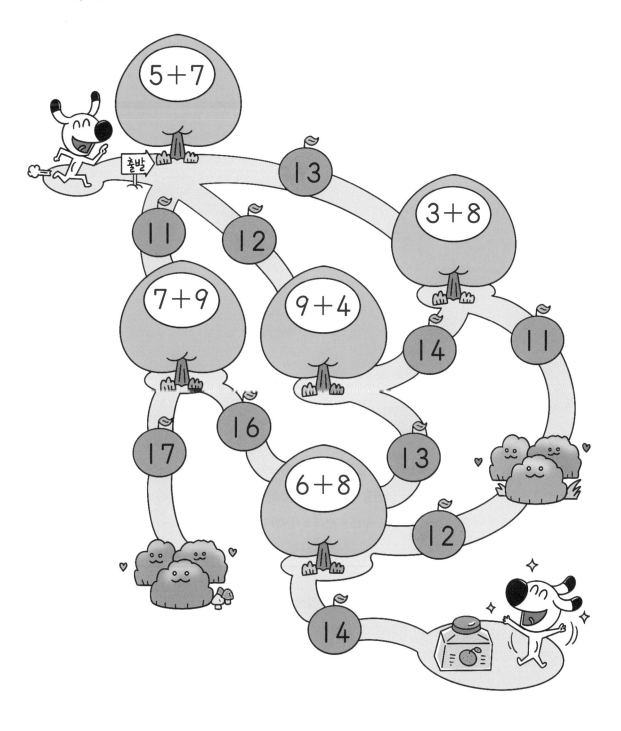

엄마, 아빠 이렇게 말해 주세요!

아이가 공부를 열심히 해서 좋은 성과를 냈을 때, 항상 '잘했어'와 같이 결과에 대한 칭찬만 하고 있진 않나요? **결과보다는 과정을 칭찬**해 주는 것이 더 좋습니다. 결과 중심적인 칭찬은 오히려 독이 될 수도 있습니다. 새로운 것에 도전하지 않고 칭찬받을 행동만 하게 될 수도 있으니까요.

지온: 엄마, 나 오늘 '바빠 연산법' 100점 맞았어. 잘했지?
부모: 우와~ 지난주부터 열심히 풀더니, 오늘 푼 문제는 다 맞았구나!

그리고 자신이 어떤 행동을 해서 칭찬을 받는 것인지 구체적으로 칭찬해 주세요. 아주 작은 것이라도 구체적으로 칭찬하면 아이는 칭찬받은 행동을 기억하고 긍정적인 행동을 더 강화하게 됩니다.

셋째 마당

두 자리 수의 덧셈

셋째 마당은 1학년 2학기 때 배우는 내용이에요. 일의 자리와 십의 자리의 위치를 정확하게 알고, 일의 자리부터 계산하는 습관을 들이는 것이 중요해요.

공부할 내용!

공부한 날짜

17	일의 자리 수끼리 더하고 십의 자리는 그대로!	월 일
18	가로로 계산할 때도 일의 자리 수끼리 더해요	월 일
19	두 자리 수와 한 자리 수의 덧셈	월 일
20	일의 자리 수끼리, 십의 자리 수끼리 더해요	월 일
21	가로로 계산할 때도 같은 자리 수끼리 더해요	월 일
22	두 자리 수끼리의 덧셈	월 일
23	두 자리 수끼리의 덧셈 한 번 더!	월 일
24	두 자리 수의 덧셈 총정리	월 일

⭐ 덧셈을 하세요.

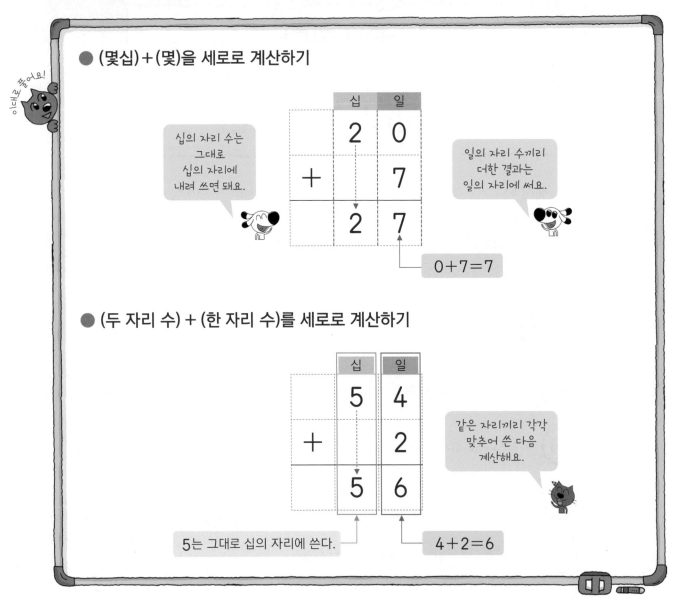

● (몇십) + (몇)을 세로로 계산하기

십의 자리 수는 그대로 십의 자리에 내려 쓰면 돼요.

십	일
2	0
+	7
2	7

일의 자리 수끼리 더한 결과는 일의 자리에 써요.

0+7=7

● (두 자리 수) + (한 자리 수)를 세로로 계산하기

십	일
5	4
+	2
5	6

같은 자리끼리 각각 맞추어 쓴 다음 계산해요.

5는 그대로 십의 자리에 쓴다.

4+2=6

1.

십	일
6	0
+	4
6	4

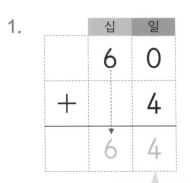

일의 자리부터 더해요.

2.

십	일
1	2
+	5

3.

십	일
3	4
+	2

두 자리 수의 덧셈부터는 세로로 계산하는 연습을 합니다. '십'의 자리와 '일'의 자리처럼 자리 위치에 대한 용어도 알게 해 주세요.

⭐ 덧셈을 하세요.

1.
```
  4 0
+   3
─────
    3
```

일의 자리부터 더해요!

2.
```
  7 0
+   6
─────
```

3.
```
  9 0
+   2
─────
```

4.
```
  2 4
+   3
─────
```

5.
```
  3 1
+   4
─────
```

6.
```
  5 2
+   2
─────
```

7.
```
  7 2
+   7
─────
```

8.
```
  6 3
+   3
─────
```

9.
```
  8 5
+   3
─────
```

10.
```
  3 3
+   5
─────
```

11.
```
  9 2
+   5
─────
```

12.
```
  4 1
+   8
─────
```

⭐ 덧셈을 하세요.

5+80을 세로로 쓰면 다음과 같아요.

1.
	2	0
+		8

2.
		5
+	8	0

3.
		9
+	5	0

4.
	1	2
+		4

5.
		3
+	7	6

6.
	9	1
+		4

7.
	8	4
+		5

8.
	3	5
+		2

9.
	5	3
+		4

10.
		7
+	6	1

11.
	4	6
+		3

12.
	8	2
+		6

⭐ 덧셈을 하세요.

1.
```
  3 0
+   7
-----
```

2.
```
  1 4
+   4
-----
```

3.
```
  7 1
+   6
-----
```

4.
```
  5 2
+   5
-----
```

5.
```
  9 3
+   2
-----
```

6.
```
  4 1
+   3
-----
```

7.
```
  8 3
+   2
-----
```

8.
```
  2 6
+   3
-----
```

9.
```
  6 3
+   5
-----
```

10.
```
  3 2
+   7
-----
```

11.
```
  7 5
+   4
-----
```

자리만 잘 맞추어 풀면
어렵지 않아요~.

⭐ 덧셈을 하세요.

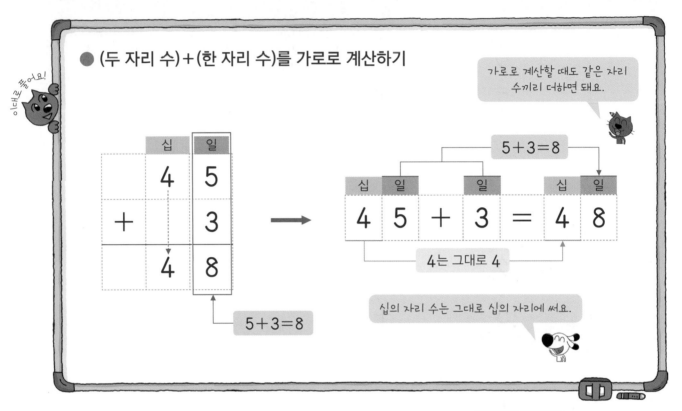

● (두 자리 수)+(한 자리 수)를 가로로 계산하기

가로로 계산할 때도 같은 자리 수끼리 더하면 돼요.

십	일
4	5
+	3
4	8

5+3=8

5+3=8

십	일		일		십	일
4	5	+	3	=	4	8

4는 그대로 4

십의 자리 수는 그대로 십의 자리에 써요.

1.

	2	3
+		5

3+5=☐

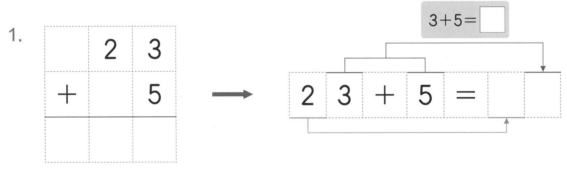

2	3	+	5	=		

2.

	5	4
+		3

4+3=☐

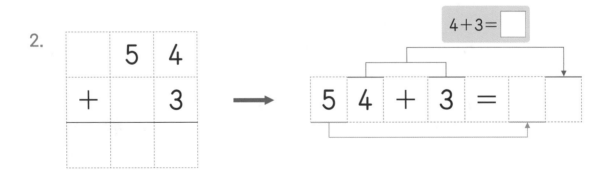

5	4	+	3	=		

⭐ 덧셈을 하세요.

일의 자리 수인 2와 4를
먼저 더해요!

1.
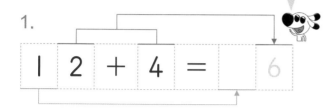

$1\ 2 + 4 = \boxed{\ \ }\ 6$

2.
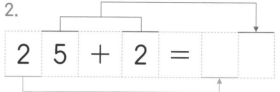

$2\ 5 + 2 =$

3.
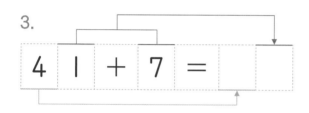

$4\ 1 + 7 =$

4.
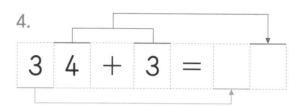

$3\ 4 + 3 =$

5.

$5\ 6 + 2 =$

6.
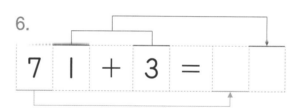

$7\ 1 + 3 =$

7.
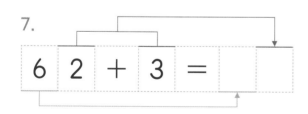

$6\ 2 + 3 =$

8.
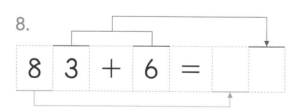

$8\ 3 + 6 =$

9.

$3\ 1 + 5 =$

10.
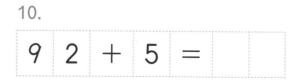

$9\ 2 + 5 =$

⭐ 덧셈을 하세요.

1.
| 1 | 3 | + | 6 | = | | 9 |

일의 자리 수끼리 더해요~.
그래서 3과 6을 더해요.

2.
| 2 | 2 | + | 5 | = | | |

3.
| 5 | 2 | + | 4 | = | | |

4.
| 6 | 4 | + | 3 | = | | |

5.
| 3 | 3 | + | 4 | = | | |

6.
| 8 | 5 | + | 2 | = | | |

7.
| 9 | 3 | + | 5 | = | | |

8.
| 7 | 4 | + | 4 | = | | |

9.
| 4 | 1 | + | 6 | = | | |

10.
| 9 | 2 | + | 3 | = | | |

⭐ 덧셈을 하세요.

1.

| 2 | 1 | + | 3 | = | | |

2.

| 1 | 6 | + | 2 | = | | |

3.

| 4 | 2 | + | 5 | = | | |

4.

| 3 | 1 | + | 8 | = | | |

5.

| 6 | 5 | + | 4 | = | | |

6.

| 5 | 3 | + | 3 | = | | |

7.

| 8 | 2 | + | 7 | = | | |

8.

| 9 | 4 | + | 2 | = | | |

9.

| 7 | 3 | + | 6 | = | | |

가로로 계산할 때도
같은 자리 수끼리
더하면 돼요!

⭐ 덧셈을 하고 합이 같은 것끼리 이으세요.

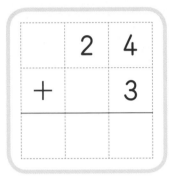

```
  2 4
+   3
```

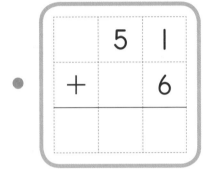

```
  5 1
+   6
```

```
  3 2
+   3
```

```
  2 2
+   5
```

```
  5 4
+   3
```

```
  3 3
+   3
```

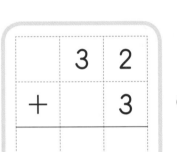

```
  3 2
+   4
```

```
  3 4
+   1
```

⭐ 덧셈을 하고 합이 같은 것끼리 이으세요.

```
    4 3
+     5
─────────
```
●

●
```
    6 3
+     3
─────────
```

```
    6 1
+     8
─────────
```
●

●
```
    4 7
+     2
─────────
```

```
    4 6
+     3
─────────
```
●

●
```
    4 2
+     6
─────────
```

```
    6 2
+     4
─────────
```
●

●
```
    6 4
+     5
─────────
```

⭐ 덧셈을 하고 합이 같은 것끼리 이으세요.

```
    3 5
  +   2
  ─────
```

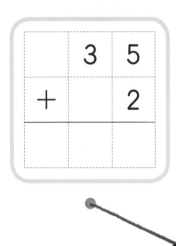

```
    3 2
  +   7
  ─────
```

```
  3 6 + 3 =
```

```
  3 4 + 3 =
```

```
    3 4
  +   5
  ─────
```

```
    3 1
  +   6
  ─────
```

⭐ 덧셈을 하고 합이 같은 것끼리 이으세요.

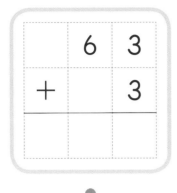

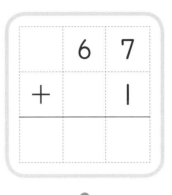

●

●

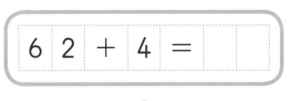

66 + 2 =

62 + 4 =

●

●

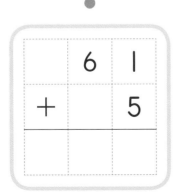

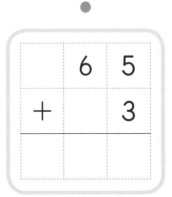

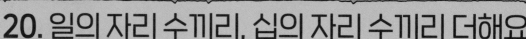

☆ 덧셈을 하세요.

● (몇십) + (몇십) 계산하기

십 모형 1개는 10을 나타내요.

십 모형 2개 = 20

십 모형 4개 = 40

= 십 모형 6개 = 60

십	일
2	0
+ 4	0
6	0

● (두 자리 수) + (두 자리 수)를 세로로 계산하기

십의 자리끼리 계산해요.

일의 자리끼리 계산해요.

십	일
4	2
+ 1	6
5	8

4 + 1 = 5

2 + 6 = 8

1.
십	일
5	0
+ 2	0
	0

2.
십	일
3	5
+ 2	1
	6

3.
십	일
4	1
+ 3	6

⭐ 덧셈을 하세요.

1.
```
    1 0
+   6 0
```

2.
```
    2 0
+   3 0
```

3.
```
    3 0
+   5 0
```

10+60은 1+6처럼
쉬운 거예요.

4.
```
    1 4
+   2 0
```

5.
```
    3 0
+   2 5
```

6.
```
    4 5
+   3 2
```

7.
```
    2 0
+   7 3
```

8.
```
    1 6
+   1 3
```

9.
```
    2 3
+   2 2
```

10.
```
    5 2
+   1 4
```

11.
```
    2 8
+   7 0
```

12.
```
    8 4
+   1 5
```

⭐ 덧셈을 하세요.

1.
```
    7 0
+   2 0
─────────
```

2.
```
    2 1
+   2 4
─────────
```

세로 줄에
맞춰서 더해요.

3.
```
    5 1
+   1 5
─────────
```

4.
```
    3 0
+   1 5
─────────
```

5.
```
    1 2
+   7 2
─────────
```

6.
```
    4 0
+   3 0
─────────
```

7.
```
    1 8
+   1 1
─────────
```

8.
```
    3 2
+   2 6
─────────
```

9.
```
    2 5
+   5 1
─────────
```

10.
```
    2 3
+   4 5
─────────
```

11.
```
    6 4
+   3 0
─────────
```

12.
```
    5 4
+   1 3
─────────
```

혹시 십의 자리부터 계산하고 있진 않나요? 받아올림이 있는 덧셈에
대비하여 일의 자리부터 계산하는 습관을 들이도록 지도해 주세요.

⭐ 덧셈을 하세요.

1.
```
    2 0
+   5 8
─────────
```

2.
```
    4 3
+   1 2
─────────
```

3.
```
    1 6
+   2 1
─────────
```

4.
```
    3 8
+   3 1
─────────
```

5.
```
    2 7
+   5 0
─────────
```

6.
```
    8 0
+   1 0
─────────
```

7.
```
    1 4
+   4 3
─────────
```

8.
```
    6 0
+   2 3
─────────
```

9.
```
    4 1
+   5 1
─────────
```

10.
```
    2 6
+   2 3
─────────
```

11.
```
    3 7
+   5 2
─────────
```

느린 덧셈은 큰 소리로
10번 말해 봐요.
'칠 더하기 이는 구'

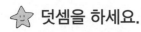 덧셈을 하세요.

● (두 자리 수)+(두 자리 수)를 가로로 계산하기

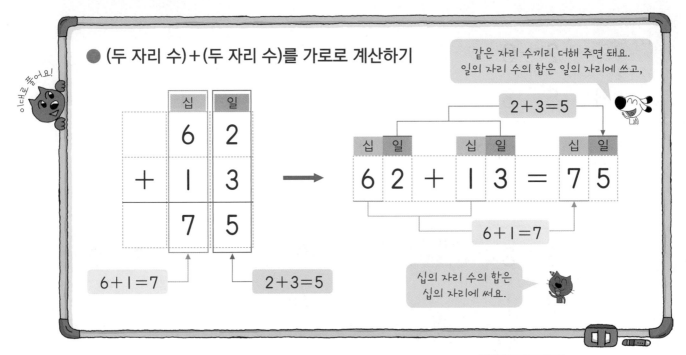

같은 자리 수끼리 더해 주면 돼요.
일의 자리 수의 합은 일의 자리에 쓰고,

$2+3=5$

$6+1=7$

$6+1=7$

$2+3=5$

십의 자리 수의 합은 십의 자리에 써요.

1.

$5+3=\boxed{}$

15 + 23 =

$1+2=\boxed{}$

일의 자리 수끼리, 십의 자리 수끼리 더해요.

2.

$3+5=\boxed{}$

43 + 25 =

$4+2=\boxed{}$

⭐ 덧셈을 하세요.

4와 5를
먼저 더해요!

1.

$$1\ 4\ +\ 1\ 5\ =\ \boxed{2}\ 9$$

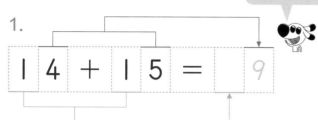

2.

$$1\ 3\ +\ 2\ 4\ =$$

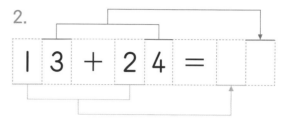

3.

$$2\ 7\ +\ 5\ 1\ =$$

4.

$$4\ 2\ +\ 1\ 5\ =$$

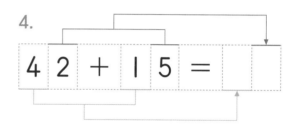

5.

$$3\ 4\ +\ 3\ 2\ =$$

6.

$$2\ 5\ +\ 2\ 3\ =$$

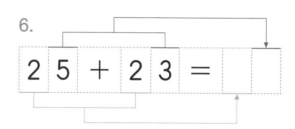

7.

$$7\ 0\ +\ 2\ 5\ =$$

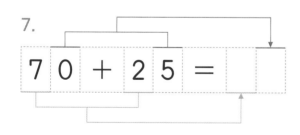

8.

$$1\ 6\ +\ 6\ 2\ =$$

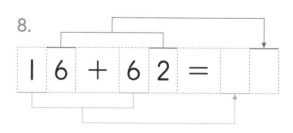

9.

$$3\ 2\ +\ 2\ 6\ =$$

10.

$$4\ 1\ +\ 5\ 3\ =$$

⭐ 덧셈을 하세요.

1.

| 1 | 9 | + | 1 | 0 | = | | 9 |

같은 자리 수끼리 더해요~.
그래서 9와 0을 더해요.

2.

| 2 | 4 | + | 2 | 5 | = | | |

3.

| 2 | 7 | + | 1 | 1 | = | | |

4.

| 3 | 0 | + | 3 | 4 | = | | |

5.

| 3 | 5 | + | 2 | 1 | = | | |

6.

| 4 | 3 | + | 3 | 6 | = | | |

7.

| 1 | 4 | + | 3 | 2 | = | | |

8.

| 5 | 3 | + | 4 | 5 | = | | |

9.

| 5 | 2 | + | 2 | 3 | = | | |

10.

| 8 | 1 | + | 1 | 2 | = | | |

⭐ 덧셈을 하세요.

1.
3 0 + 2 8 =

2.
1 1 + 1 8 =

3.
2 1 + 2 4 =

4.
5 4 + 1 2 =

5.
4 2 + 5 3 =

6.
2 3 + 1 6 =

7.
2 5 + 4 4 =

8.
6 2 + 3 4 =

9.
1 7 + 7 2 =

조금만 더 힘내요!
두 자리 수의 덧셈도
잘할 수 있어요!

22. 두 자리 수끼리의 덧셈

⭐ 덧셈을 하고 합이 같은 것끼리 이으세요.

```
   2 0
 + 5 8
```

●

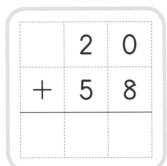

```
   3 0
 + 5 7
```

●

```
   4 2
 + 1 7
```

●

```
   6 2
 + 3 4
```

●

```
   5 3
 + 4 3
```

●

●

```
   1 5
 + 6 3
```

```
   4 1
 + 4 6
```

●

●

```
   2 4
 + 3 5
```

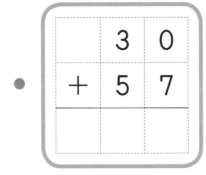

☆ 덧셈을 하고 합이 같은 것끼리 이으세요.

	1	4
+	6	2

•

•

	5	4
+	1	5

	3	1
+	5	8

•

•

	2	3
+	5	3

	2	6
+	4	3

•

•

	6	0
+	2	6

	5	2
+	3	4

•

•

	4	2
+	4	7

⭐ 덧셈을 하고 합이 같은 것끼리 이으세요.

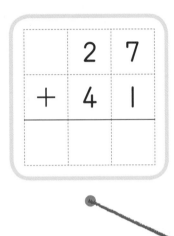

	2	7
+	4	1

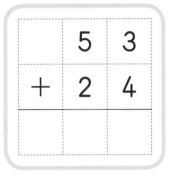

	5	3
+	2	4

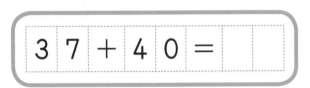

37 + 40 =

16 + 52 =

	4	3
+	2	5

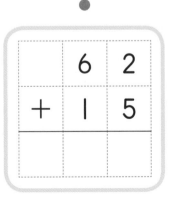

	6	2
+	1	5

⭐ 덧셈을 하고 합이 같은 것끼리 이으세요.

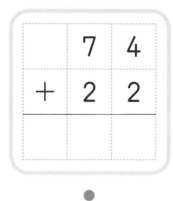

$$\begin{array}{r} 7\ 4 \\ +\ 2\ 2 \\ \hline \end{array}$$

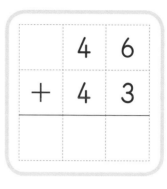

$$\begin{array}{r} 4\ 6 \\ +\ 4\ 3 \\ \hline \end{array}$$

●

●

5 4 + 3 5 = ☐ ☐

6 1 + 3 5 = ☐ ☐

●

●

$$\begin{array}{r} 7\ 2 \\ +\ 1\ 7 \\ \hline \end{array}$$

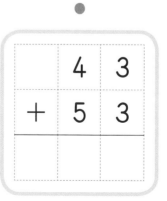

$$\begin{array}{r} 4\ 3 \\ +\ 5\ 3 \\ \hline \end{array}$$

23. 두 자리 수끼리의 덧셈 한 번 더!

⭐ 빈 곳에 알맞은 수를 써넣으세요.

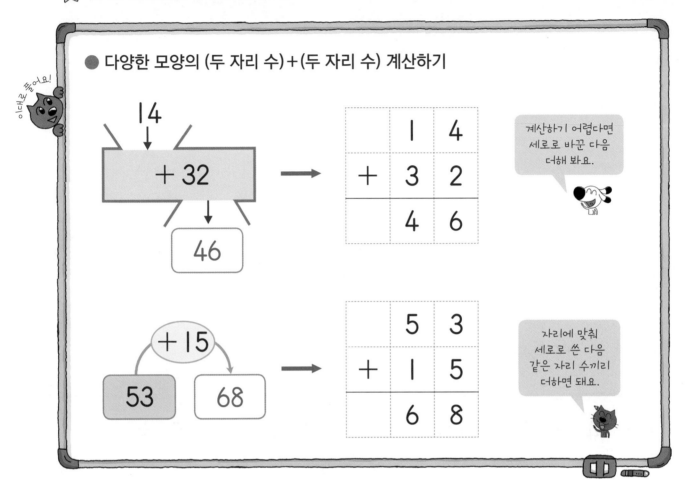

● 다양한 모양의 (두 자리 수)+(두 자리 수) 계산하기

계산하기 어렵다면 세로로 바꾼 다음 더해 봐요.

자리에 맞춰 세로로 쓴 다음 같은 자리 수끼리 더하면 돼요.

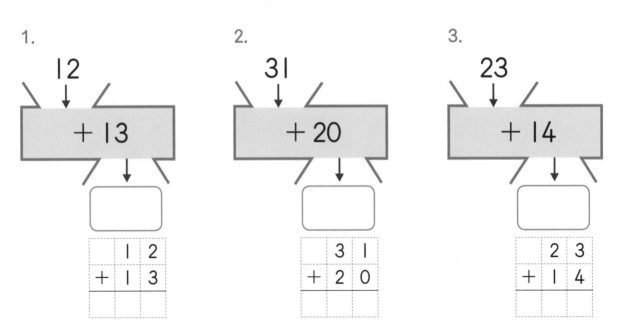

1.

2.

3.

⭐ 빈 곳에 알맞은 수를 써넣으세요.

1.

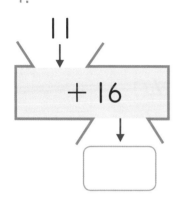

2.

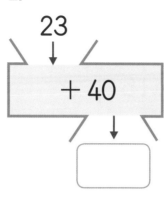

3.

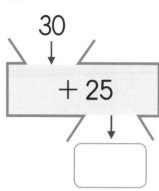

4.

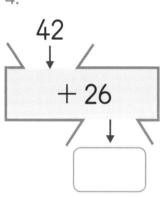

5.

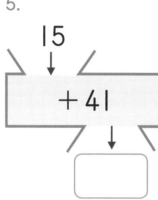

6.

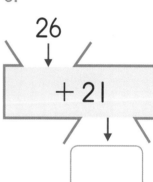

7.

34
+15

8.

57
+30

9.

65
+22

⭐ 빈 곳에 알맞은 수를 써넣으세요.

1.
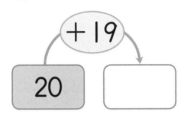

2.
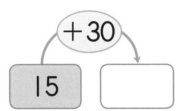

3.
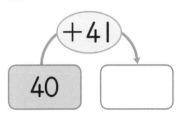

4.
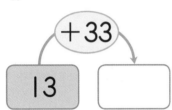

5.
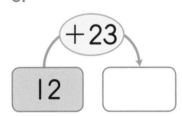

6.
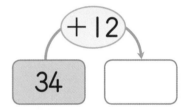

7.
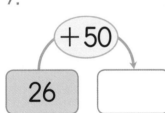

8.
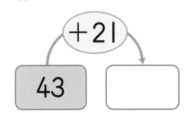

9.
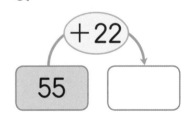

어려운 덧셈은 한 번 더!

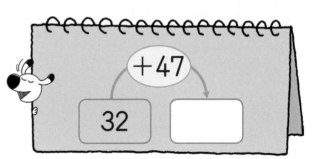

☆ 빈 곳에 알맞은 수를 써넣으세요.

1.
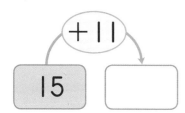

2.
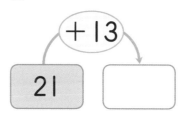

3.
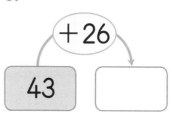

4.
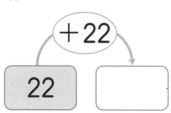

5.
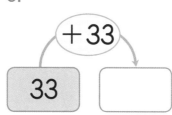

6.
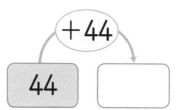

7.
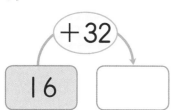

8.
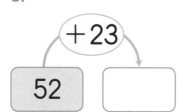

9.
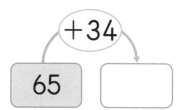

어려운 덧셈은 한 번 더!
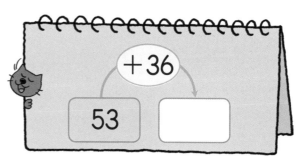

⭐ 덧셈을 하세요.

1.
```
    6 4
+     3
───────
```

2.
```
    2 1
+     3
───────
```

3.
```
    4 0
+   5 0
───────
```

4.
```
    2 4
+   5 0
───────
```

5.
```
    7 0
+   2 2
───────
```

6.
```
    4 2
+   1 7
───────
```

7.
```
    3 4
+   4 5
───────
```

8.
```
    1 3
+   6 5
───────
```

9.
```
    5 2
+   1 6
───────
```

★ 동물 친구들이 터뜨리려는 풍선을 찾아 ×표 하세요.

⭐ 덧셈을 하고 계산 결과가 가장 큰 당근에 색칠하세요.

1.

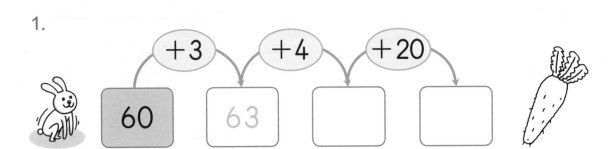

2.

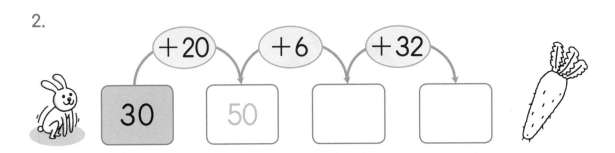

3.

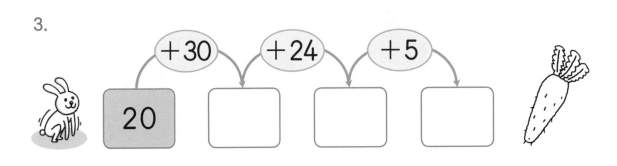

4.

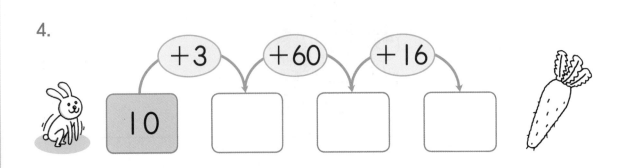

 바른 답을 따라갔을 때 빠독이가 가질 수 있는 장난감을 찾아 ○표 하세요.

빠독이는 어떤 장난감을 갖게 될까요?

출발

30+26	→29→	25+60	→80→	31+52
↓56		↓85		↓83
42+15	→57→	26+53	→78→	18+71
↓47		↓79		↓89
54+25	→74→	46+42	→88→	62+35
↓79		↓86		↓97

로봇

인형

블록

예비 1학년, 준비됐나요?

덧셈 - 최종 점검 문제!

맞힌 개수 _____ 개

13문제 이상 맞히면, 초등학교 입학 전 덧셈은 충분해요!

⭐ 덧셈을 하세요. [1~15]

1. $2 + 3 = \boxed{}$

2. $3 + 6 = \boxed{}$

3. $2 + 7 = \boxed{}$

4. $2 + 9 = \boxed{}$

5. $8 + 6 = \boxed{}$

6. $5 + 8 = \boxed{}$

7. $7 + 9 = \boxed{}$

8. $12 + 6 = \boxed{}$

9. $53 + 4 = \boxed{}$

10. $20 + 49 = \boxed{}$

11.
$$\begin{array}{r} 6\ 2 \\ +\ \ \ 5 \\ \hline \end{array}$$

12.
$$\begin{array}{r} 5\ 0 \\ +\ 2\ 0 \\ \hline \end{array}$$

13.
$$\begin{array}{r} 2\ 5 \\ +\ 7\ 0 \\ \hline \end{array}$$

14.
$$\begin{array}{r} 4\ 6 \\ +\ 2\ 3 \\ \hline \end{array}$$

15.
$$\begin{array}{r} 7\ 5 \\ +\ 1\ 4 \\ \hline \end{array}$$

답이 맞는지 다시
한 번 확인하면
최고!

※ 정답은 123쪽에서 확인하세요!

바쁜
예비 1학년을 위한
빠른 덧셈 +

정답

수학 시간에
손을 번쩍
들었어요!

우리는

1학년

바빠

1단계 12쪽

1. 4, 4   2. 5, 5   3. 6, 6

 1단계 13쪽

1. 3   2. 4   3. 6
4. 5   5. 6   6. 6
7. 3   8. 4   9. 6
10. 5   11. 5   12. 6

 1단계 14쪽

1. 3, 1   2. 2, 3   3. 5, 1

 1단계 15쪽

1. 1   2. 2   3. 2
4. 4   5. 1   6. 2
7. 3   8. 3   9. 1
10. 2   11. 1

 2단계 16쪽

1. 7, 7   2. 8, 8   3. 9, 9

 2단계 17쪽

1. 7   2. 8   3. 9
4. 8   5. 7   6. 9
7. 7   8. 9   9. 8
10. 9   11. 8   12. 9

 2단계 18쪽

1. 3, 4   2. 2, 6   3. 4, 5

2단계 19쪽

1. 5   2. 4   3. 1
4. 1   5. 6   6. 5
7. 7   8. 3   9. 4
10. 8   11. 5   12. 7

 3단계 20쪽

1.

6	
1	5
2	4
3	3
4	2
5	1

2.

7	
1	6
2	5
3	4
4	3
5	2
6	1

3.

8	
1	7
2	6
3	5
4	4
5	3
6	2
7	1

 3단계 21쪽

1.

3	
1	2
2	1

2.

4	
1	3
2	2
3	1

3.

5	
1	4
2	3
3	2
4	1

4.

6	
1	5
2	4
3	3
4	2
5	1

5.

7	
1	6
2	5
3	4
4	3
5	2
6	1

6.

8	
1	7
2	6
3	5
4	4
5	3
6	2
7	1

7.

9	
1	8
2	7
3	6
4	5
5	4
6	3
7	2
8	1

8.

9	
1	8
2	7
3	6
4	5
5	4
6	3
7	2
8	1

3단계 22쪽

1.

5		
2	3	/3
1	4	
3	2	
4	1	

2.

6	
4	2
2	4
3	3
5	1

3.

7	
1	6
3	4
5	2
6	1

4.

8	
3	5
6	2
4	4
7	1

5.

9	
1	8
5	4
7	2
3	6

6.

9	
6	3
4	5
2	7
8	1

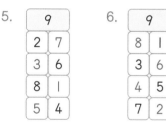

8	8
5 3	2 6

3단계 23쪽

1.

5	
4	1
2	3
1	4
3	2

2.

6	
1	5
4	2
3	3
2	4

3.

7	
4	3
6	1
2	5
3	4

4.

8	
5	3
1	7
4	4
2	6

5.

9	
2	7
3	6
8	1
5	4

6.

9	
8	1
3	6
4	5
7	2

9	9
2 7	3 6

 4

4단계 24쪽

1. 4, 6 / 2, 4, 6
2. 4, 5, 9 /
   4 더하기 5는 9와 같습니다.

4단계 25쪽

1. 3, 8 / 5, 3, 8
2. 7, 2, 9 /
   7과 2의 합은 9입니다.

4단계 26쪽

1. 2, 3   2. 3, 5
3. 1, 4   4. 2, 6
5. 1, 6   6. 6, 7
7. 2, 8   8. 5, 9

4단계 27쪽

1. 4, 5   2. 3, 6
3. 4, 3, 7   4. 8, 1, 9
5. 3, 5, 8   6. 5, 2, 7
7. 1, 7, 8   8. 7, 2, 9

 5

5단계 28쪽

1. 5, 5   2. 6, 6   3. 7, 7
4. 8, 8   5. 9, 9   6. 9, 9

5단계 29쪽

1. 2   2. 3   3. 4   4. 5
5. 6   6. 7   7. 8   8. 9
9. 4   10. 5   11. 3   12. 6
13. 8   14. 9   15. 7   16. 4

5단계 30쪽

1. 5   2. 6   3. 7
4. 8   5. 9   6. 5
7. 7   8. 6   9. 8
10. 9   11. 8   12. 7
13. 6   14. 9

5단계 31쪽

1. 7   2. 8   3. 7   4. 8
5. 9   6. 7   7. 8   8. 7
9. 8   10. 9

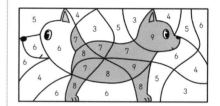

 6

6단계 32쪽

1. 1   2. 5   3. 7   4. 9
5. 2   6. 4   7. 6   8. 8

6단계 33쪽

1. 1   2. 2   3. 6   4. 5
5. 3   6. 4   7. 8   8. 7
9. 1   10. 2   11. 4   12. 3
13. 7   14. 6   15. 5   16. 9

6단계 34쪽

1. 2   2. 1   3. 6   4. 3
5. 4   6. 9   7. 7   8. 4
9. 3   10. 5   11. 7   12. 5

6단계 35쪽

1. 3   2. 3   3. 8   4. 2
5. 8   6. 3   7. 2   8. 7
9. 7   10. 8

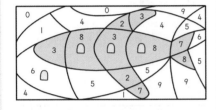

7

7단계 36쪽

1.

+	4	2	6	7	5	8
1	5	3	7	8	6	9

2.

+	1	6	5	2	7	3
2	3	8	7	4	9	5

3.

+	2	3	1	6	4	5
3	5	6	4	9	7	8

7단계 37쪽

1.

+	2	3	6
1	3	4	7

2.

+	4	2	7
2	6	4	9

3.

+	1	2	5
3	4	5	8

4.

+	5	3	4
4	9	7	8

5.

+	3	2	1
5	8	7	6

6.

+	2	3	1
6	8	9	7

4 + 5 = 9

7단계 38쪽

1.

+	2	3
0	2	3
3	5	6

2.

+	4	6
1	5	7
2	6	8

3.

+	0	2
2	2	4
4	4	6

4.

+	1	5
3	4	8
4	5	9

7단계 39쪽

1.

+	5	4
2	7	6
3	8	7

2.

+	1	2
3	4	5
5	6	7

3.

+	3	5
1	4	6
4	7	9

4.

+	2	3
2	4	5
6	8	9

5.

+	1	2
4	5	6
7	8	9

8

8단계 40쪽

1. 5, 3, 4   2. 4, 2, 6
3. 4, 5, 2   4. 7, 2, 5

8단계 41쪽

1.

2.

3.

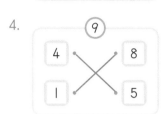

4.

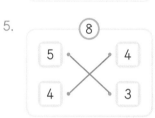

5.

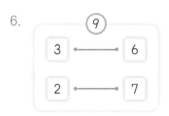

6.

8빈세 42쪽

(왼쪽에서부터)

☆ 2, 9, 7, 5, 6, 8, 4, 3

바늘 가는 데 실 간다

8단계 43쪽

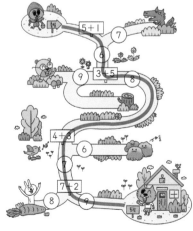

9

9단계 46쪽

1. 7, 3   2. 2, 8   3. 9, 1

9단계 47쪽

1. 10   2. 10   3. 10
4. 10   5. 10   6. 10
7. 10   8. 10   9. 10
10. 10   11. 10   12. 10

9단계 48쪽

1. 1, 9   2. 4, 6   3. 8, 2

9단계 49쪽

1. 9   2. 5   3. 7
4. 6   5. 3   6. 8
7. 1   8. 2   9. 4
10. 7   11. 9   12. 5

10

10단계 50쪽

1. 1, 10   2. 2, 10
3. 4, 10   4. 3, 10
5. 5, 10   6. 9, 10
7. 7, 10   8. 6, 10

10단계 51쪽

1. 3, 10   2. 6, 10
3. 6, 10   4. 1, 10

5. 8, 10   6. 3, 10
7. 5, 10   8. 8, 10

10단계 52쪽

1. 10   2. 1   3. 10   4. 3
5. 10   6. 8   7. 10   8. 10
9. 3   10. 10 11. 4   12. 10
13. 1   14. 5

10단계 53쪽

1. 9   2. 6   3. 2   4. 7
5. 3   6. 5   7. 1   8. 8
9. 4   10. 8   11. 6   12. 4
13. 2   14. 3   15. 9   16. 7
17. 5   18. 1

11

11단계 54쪽

1. 13   2. 10, 14   3. 10, 18

11단계 55쪽

1. 12   2. 10, 15
3. 10, 11   4. 10, 14
5. 10, 17   6. 10, 15
7. 10, 18   8. 10, 16
9. 10, 14   10. 10, 17

11단계 56쪽

1. 10, 18   2. 10, 14
3. 10, 12   4. 10, 17
5. 10, 12   6. 10, 16
7. 10, 11   8. 10, 15
9. 10, 13

11단계 57쪽

1. 4, 6에 ○표 / 15
2. 2, 8에 ○표 / 13
3. 9, 1에 ○표 / 14
4. 7, 3에 ○표 / 16
5. 5, 5에 ○표 / 18
6. 8, 2에 ○표 / 11
7. 2, 8에 ○표 / 13
8. 6, 4에 ○표 / 15
9. 3, 7에 ○표 / 19
10. 1, 9에 ○표 / 17

12

12단계 58쪽

1. 1, 1, 11　　　2. 5, 5, 15

12단계 59쪽

1. 1, 1, 11　　　2. 3, 3, 13
3. 6, 6, 16　　　4. 3, 3, 13
5. 2, 2, 12　　　6. 7, 7, 17
7. 2, 2, 12　　　8. 4, 4, 14

12단계 60쪽

1. 1, 10, 13　　　2. 5, 10, 15
3. 3, 10, 11　　　4. 4, 10, 14
5. 1, 10, 16　　　6. 4, 10, 14
7. 4, 10, 12　　　8. 4, 10, 14

12단계 61쪽

1. 2, 10, 3, 13
2. 1, 10, 1, 11
3. 3, 10, 3, 13
4. 1, 10, 1, 11
5. 2, 10, 2, 12
6. 5, 10, 5, 15
7. 1, 10, 7, 17

13

12단계 62쪽

1. 1, 11　　　2. 4, 14

13단계 63쪽

1. 1, 1, 11　　　2. 1, 1, 11
3. 3, 3, 13　　　4. 3, 3, 13
5. 2, 2, 12　　　6. 7, 7, 17
7. 2, 2, 12　　　8. 6, 6, 16

13단계 64쪽

1. 1, 10, 12　　　2. 4, 10, 11
3. 2, 10, 13　　　4. 3, 10, 11
5. 1, 10, 14　　　6. 2, 10, 15
7. 2, 10, 16　　　8. 1, 10, 18

13단계 65쪽

1. 1, 10, 11
2. 3, 10, 13

3. 1, 10, 15
4. 2, 2, 10, 12
5. 3, 2, 10, 12
6. 1, 7, 10, 17
7. 2, 4, 10, 14

14

14단계 66쪽

1. 11　2. 11　3. 13　4. 11
5. 12　6. 12　7. 12　8. 14
9. 13　10. 13　11. 11　12. 14
13. 11　14. 12　15. 11　16. 15

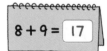
$9 + 8 = \boxed{17}$

14단계 67쪽

1. 11　2. 14　3. 16　4. 12
5. 13　6. 15　7. 11　8. 13
9. 14　10. 12　11. 15　12. 12
13. 13　14. 11　15. 14　16. 13

$8 + 9 = \boxed{17}$

14단계 68쪽

1. 11　2. 12　3. 15　4. 13
5. 17　6. 16　7. 14　8. 18
9. 12　10. 13　11. 16　12. 14
13. 11　14. 15　15. 17　16. 16

14단계 69쪽

1. 11　2. 11　3. 14　4. 12
5. 13　6. 13　7. 13　8. 12
9. 14　10. 15

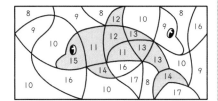

15단계 70쪽

1.

+	4	6	7	5	9	8
7	11	13	14	12	16	15

2.

+	3	4	6	7	5	8
8	11	12	14	15	13	16

3.

+	2	3	4	7	8	9
9	11	12	13	16	17	18

15단계 71쪽

1.

+	8	6
4	12	10
7	15	13

2.

+	7	6
5	12	11
6	13	12

3.

+	4	5
9	13	14
8	12	13

4.

+	6	8
5	11	13
7	13	15

5.

+	9	7
6	15	13
7	16	14

6.

+	8	9
3	11	12
9	17	18

15단계 72쪽

1.

+		
6	7	13
5	8	13
11	15	

2.

+		
4	8	12
7	5	12
11	13	

3.

+		
7	8	15
9	3	12
16	11	

4.

+		
8	4	12
4	9	13
12	13	

15단계 73쪽

1.

+		
8	9	17
6	7	13
14	16	

2.

+		
6	5	11
7	9	16
13	14	

3.

+		
9	6	15
5	6	11
14	12	

4.

+		
7	7	14
9	4	13
16	11	

5.

+		
8	7	15
8	6	14
16	13	

16단계 74쪽

1. 13　　2. 15　　3. 14
4. 12　　5. 16　　6. 11
7. 13　　8. 19　　9. 18
10. 17　　11. 15　　12. 19

16단계 75쪽

1. 5 + 7에 색칠
2. 9 + 2에 색칠
3. 9 + 5에 색칠

16단계 76쪽

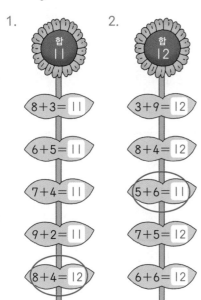

1.

합 11

8+3= 11
6+5= 11
7+4= 11
9+2= 11
8+4= 12

2.

합 12

3+9= 12
8+4= 12
5+6= 11
7+5= 12
6+6= 12

3.

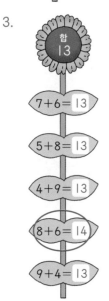

합 13

7+6= 13
5+8= 13
4+9= 13
8+6= 14
9+4= 13

16단계 77쪽

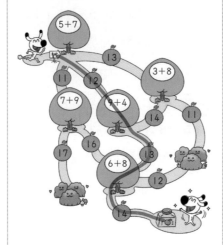

17

17단계 80쪽

1. 64   2. 17   3. 36

17단계 81쪽

1. 43   2. 76   3. 92
4. 27   5. 35   6. 54
7. 79   8. 66   9. 88
10. 38   11. 97   12. 49

17단계 82쪽

1. 28   2. 85   3. 59
4. 16   5. 79   6. 95
7. 89   8. 37   9. 57
10. 68   11. 49   12. 88

17단계 83쪽

1. 37   2. 18   3. 77
4. 57   5. 95   6. 44
7. 85   8. 29   9. 68
10. 39   11. 79

18

18단계 84쪽

1. 28 / 8, 28   2. 57 / 7, 57

18단계 85쪽

1. 16   2. 27   3. 48   4. 37
5. 58   6. 74   7. 65   8. 89
9. 36   10. 97

18단계 86쪽

1. 19   2. 27   3. 56   4. 67
5. 37   6. 87   7. 98   8. 78
9. 47   10. 95

18단계 87쪽

1. 24   2. 18   3. 47
4. 39   5. 69   6. 56
7. 89   8. 96   9. 79

19

19단계 88쪽

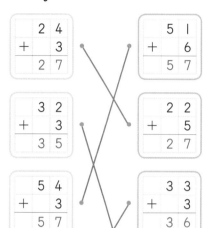

19단계 89쪽

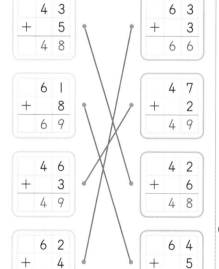

19단계 90쪽

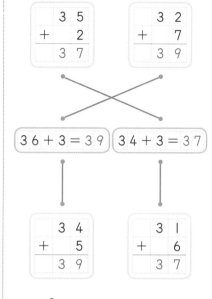

19단계 91쪽

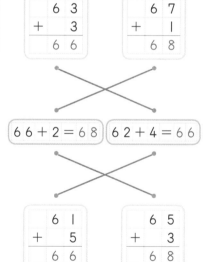

20

20단계 92쪽

1. 70   2. 56   3. 77

20단계 93쪽

1. 70	2. 50	3. 80
4. 34	5. 55	6. 77
7. 93	8. 29	9. 45
10. 66	11. 98	12. 99

20단계 94쪽

1. 90	2. 45	3. 66
4. 45	5. 84	6. 70
7. 29	8. 58	9. 76
10. 68	11. 94	12. 67

20단계 95쪽

1. 78	2. 55	3. 37
4. 69	5. 77	6. 90
7. 57	8. 83	9. 92
10. 49	11. 89	

21

21단계 96쪽

1. 38 / 8, 38, 3
2. 68 / 8, 68, 6

21단계 97쪽

1. 29   2. 37   3. 78   4. 57
5. 66   6. 48   7. 95   8. 78
9. 58   10. 94

1. 29 2. 49 3. 38 4. 64
5. 56 6. 79 7. 46 8. 98
9. 75 10. 93

1. 58   2. 29   3. 45
4. 66   5. 95   6. 39
7. 69   8. 96   9. 89

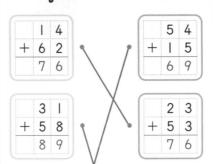

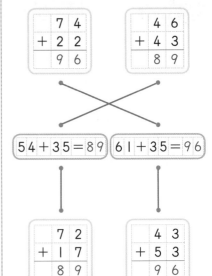

 22

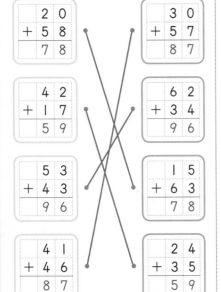

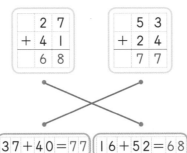

23

1. 25, 25   2. 51, 51
3. 37, 37

1. 27   2. 63   3. 55
4. 68   5. 56   6. 47
7. 49   8. 87   9. 87

23단계 106쪽

1. 39	2. 45	3. 81
4. 46	5. 35	6. 46
7. 76	8. 64	9. 77

+47

32 → 79

23단계 107쪽

1. 26	2. 34	3. 69
4. 44	5. 66	6. 88
7. 48	8. 75	9. 99

+36

53 → 89

24단계 108쪽

1. 67	2. 24	3. 90
4. 74	5. 92	6. 59
7. 79	8. 78	9. 68

24단계 109쪽

24단계 110쪽

1. 63, 67, 87
2. 50, 56, 88
3. 50, 74, 79
4. 13, 73, 89
4번 당근에 색칠

24단계 111쪽

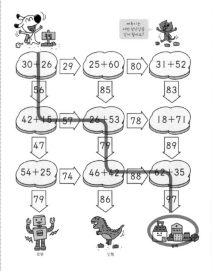

112쪽

1. 5	2. 9	3. 9
4. 11	5. 14	6. 13
7. 16	8. 18	9. 57
10. 69	11. 67	12. 70
13. 95	14. 69	15. 89

예비 1학년 덧셈 준비 끝!
여기까지 온 바빠 친구들!
정말 대단해요~.

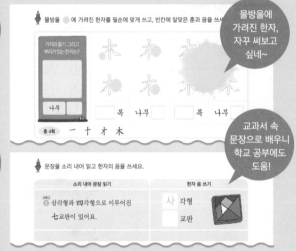